农村和外来务工人员 安全生产教育读本

（最新版）

刘　博　崔子庆　康松伟　丁厂平　编著

U0321074

气象出版社
China Meteorological Press

图书在版编目(CIP)数据

农村和外来务工人员安全生产教育读本:最新版/刘博等编著.—
北京:气象出版社,2014.6(2018.3重印)
ISBN 978-7-5029-5942-5

Ⅰ.①农… Ⅱ.①刘… Ⅲ.①民工-安全生产-安全
教育-基本知识 Ⅳ.①X925

中国版本图书馆 CIP 数据核字(2014)第 104944 号

出版发行:气象出版社
地　　址:北京市海淀区中关村南大街 46 号　邮政编码:100081
电　　话:010-68407112(总编室)　010-68406961(发行部)
网　　址:http://www.qxcbs.com　　E-mail:　qxcbs@cma.gov.cn
责任编辑:徐秋彤　彭淑凡　　　　终　审:邵俊年
封面设计:博雅思企划　　　　　　责任技编:赵相宁
印　　刷:北京中科印刷有限公司
开　　本:850 mm×1168 mm　1/32　印　张:5
字　　数:130 千字
版　　次:2014 年 6 月第 1 版　　印　次:2018 年 3 月第 8 次印刷
定　　价:16.00 元

前　言

近年来,特别是"十二五"以来,在党中央、国务院的高度重视下,通过各地区、各有关部门和单位的共同努力,安全培训工作取得了新的进展和成效。《安全生产法》等 20 余部法规对安全培训作出规定,国家安全监管总局出台了 100 多部部门规章、规范性文件、培训大纲和考核标准,实施了全员培训、持证上岗、从业人员准入、培训机构准入、教考分离、经费保障、责任追究七项法律制度。

但是,当前我国安全生产形势依然严峻,安全培训工作还存在不小差距。主要表现在:思想认识不够到位,企业责任落实不够,培训针对性不够强,培训基础相对薄弱,处罚和问责甚少,没有起到很好的震慑作用。

在生产经营单位从业人员中,农村和外来务工人员(简称"务工人员")作为一个特殊的庞大群体,与安全生产工作有着直接的关系。务工人员是我国工业化、城镇化进程中涌现出的一支新型劳动大军,是推动我国社会经济发展的重要力量,为我国农村发展、城市繁荣和现代化建设作出了重要贡献。但是,由于多种原因,造成当前务工人员整体文化素质较低,安全意识淡漠,缺乏必要的安全知识和自我防范能力,给安全生产带来很大压力。据统计,近几年发生的生产安全伤亡事故,90%以上是由于人的不安全行为造成的,80%以上发生在务工人员比较集中的小企业;每年职业伤害、职业病新发病例和死亡人员中,半数以上是务工人员。因此,加强务工人员安全生产培训,已经成为当前解决务工人员安全健康问题、保护务工人员根本利益和促进安全生产形势稳定好转的一项紧迫任务。

安全培训是安全生产的一项重要基础性工作，是减少生产安全事故和伤亡人数的源头性、根本性举措，是提升安全管理水平和职工安全素质，构建安全生产长效机制的重要措施。国发〔2010〕23号、国发〔2011〕40号文件及国家安全监管总局相关规章都对务工人员的安全生产培训工作作出了明确规定：生产经营单位要大力开展企业全员安全培训，重点强化高危行业和中小企业一线员工安全培训，完善务工人员向产业工人转化过程中的安全教育培训机制。

本次修订的目的是贯彻落实党和国家关于务工人员安全生产工作的相关政策法规，向广大务工人员普及有关安全生产事故及事故预防处置、职业病及职业危害防护、现场紧急救护等方面的基本知识，同时也对务工人员如何维护自身合法劳动权益做出了简要介绍。本书可作为一般生产经营单位对务工人员向产业工人转换的安全生产培训教材，也可作为生产经营单位从业人员三级安全生产教育的学习材料。

我们在征求各方意见的基础上，依据最新的安全生产法律法规要求，修订时就全书内容主要做了以下调整：①按照有关安全生产的最新指示和法律法规，对涉及新修订的《安全生产法》《职业病防治法》《职业病分类和目录》以及《用人单位劳动防护用品管理规范》等内容做出了及时调整，保证本节内容与国家政策法规一致；②更新了每个作业模块的安全生产事故案例，着重介绍了与务工人员实际工作紧密相关的事故案例。

本书在编写过程中，查阅了大量的文献资料，在此向为安全生产培训工作作出巨大贡献的专家学者表示衷心感谢。由于时间仓促，编者水平有限，本书中难免有不妥之处，恳请广大读者和安全专业人士给予指正，以便再版时予以修订，在此一并谢过。

编者

2018 年 3 月

目　录

前　言

第一章　法律赋予的合法权益 …………………………（ 1 ）

　第一节　安全生产的基本知识 …………………………（ 1 ）

　第二节　劳动合同的签订 ………………………………（ 6 ）

　第三节　工伤保险 ………………………………………（ 10 ）

　第四节　安全生产方面的权利与义务 …………………（ 16 ）

　第五节　特殊人群的保护 ………………………………（ 23 ）

　第六节　维护务工人员的合法权益 ……………………（ 27 ）

第二章　通用安全生产基础知识 ………………………（ 31 ）

　第一节　安全色、安全标志及安全标签 ………………（ 31 ）

　第二节　安全培训 ………………………………………（ 47 ）

　第三节　劳动防护用品 …………………………………（ 52 ）

　第四节　机械设备伤害的预防 …………………………（ 60 ）

　第五节　电气事故伤害的预防 …………………………（ 63 ）

　第六节　火灾爆炸事故伤害的预防 ……………………（ 66 ）

　第七节　起重伤害的预防 ………………………………（ 78 ）

　第八节　企业内运输事故的预防 ………………………（ 83 ）

　第九节　有限空间事故的预防 …………………………（ 90 ）

　第十节　危险化学品安全常识 …………………………（ 97 ）

第三章　职业病及职业危害预防 ……………………………… (106)

第一节　职业病概念和分类 …………………………… (106)

第二节　常见职业病危害因素 ………………………… (109)

第三节　职业病防治基本知识 ………………………… (111)

第四节　尘肺防护基本知识 …………………………… (115)

第五节　职业中毒防护基本知识 ……………………… (118)

第六节　噪声危害与防护基本知识 …………………… (125)

第七节　电磁辐射危害与防护基本知识 ……………… (126)

第四章　现场紧急救护与紧急处置基本知识……………… (129)

第一节　现场紧急救护的基本方法 …………………… (129)

第二节　窒息或有毒气体中毒急救 …………………… (137)

第三节　溺水事故现场急救 …………………………… (140)

第四节　触电事故现场急救 …………………………… (142)

第五节　烧（烫）伤现场急救(含热烫伤、化学灼伤) … (143)

第六节　中暑急救 ……………………………………… (144)

第七节　冻伤急救 ……………………………………… (145)

第八节　气管异物阻塞现场急救 ……………………… (146)

附录　相关安全生产法律法规节选 ……………………… (148)

第一章　法律赋予的合法权益

第一节　安全生产的基本知识

一、务工人员的安全生产现状

进城务工人员也称为农民工,他们已经成为我国工业化、城镇化进程中涌现出的一支新型劳动大军,是推动我国社会经济发展的重要力量,已成为产业工人的重要组成部分,为我国农村发展、城市繁荣和现代化建设作出了重要贡献。

根据国家统计局《2014 年全国农民工监测调查报告》显示,2014年全国农民工总量为 27395 万人,比上年增加 501 万人,增长 1.9%;高中及以上学历的农民工占 23.8%,比上年提高 1 个百分点;接受过技能培训的农民工占 34.8%,比上年提高 2.1 个百分点;农民工在第二产业中从业的比重为 56.6%,比上年下降 0.2 个百分点;农民工在第三产业从业的比重为 42.9%,比上年提高 0.3 个百分点。其中,从事批发和零售业的农民工比重为 11.4%,比上年提高 0.1 个百分点;从事交通运输、仓储和邮政业的农民工比重为 6.5%,比上年提高 0.2 个百分点;从事住宿和餐饮业的农民工比重为 6.0%,比上年提高 0.1 个百分点。

农民工超时劳动和签订劳动合同情况变化不明显,被拖欠工资的农民工所占比重为 0.8%,比上年下降 0.2 个百分点;农民工"五险一金"的参保率分别为:工伤保险 26.2%、医疗保险 17.6%、养老保险 16.7%、失业保险 10.5%、生育保险 7.8%、住房公积金 5.5%，比上年分别提高 1.2,0.5,0.5,0.7,0.6 和 0.5 个百分点。

综上数据可以看出，当前务工人员呈现出整体文化程度偏低，参加专业技术培训的比例偏低，合法权益近年来有所改善，但情况依然不容乐观。由于多种原因，当前务工人员安全意识淡漠，缺乏必要的安全知识和自我防范能力，给安全生产带来很大压力。据统计，近几年发生的生产安全伤亡事故中，90%以上是由于人的不安全行为造成的，80%以上发生在务工人员比较集中的小企业；每年职业伤害、职业病新发病例和死亡人员中，半数以上是务工人员。因此，加强务工人员安全生产教育培训、增强务工人员安全生产法律意识、提高务工人员安全生产知识技能，已经成为当前解决务工人员安全健康问题、保护务工人员根本利益和促进安全生产形势稳定好转的一项紧迫任务。

依法保障务工人员职业安全卫生权益，主要表现在以下方面：各级政府主管部门要严格执行国家职业安全和劳动保护规程及标准；企业必须按规定配备安全生产和职业病防护设施；强化用人单位职业安全卫生的主体责任，要向新招用的务工人员告知劳动安全、职业危害事项，发放符合要求的劳动防护用品，对从事可能产生职业危害作业的人员定期进行健康检查；加强务工人员职业安全、劳动保护教育，增强务工人员自我保护能力。从事高危行业和特种作业的务工人员要经专门培训、持证上岗；有关部门要切实履行职业安全和劳动保护监管职责；生产经营单位发生职业安全事故的，除惩处生产经营单位的直接负责的主管人员和其他直接负责人外，还要追究负有安全生产监督管理职责的相关部门人员的责任；构成犯罪的，依照刑法有关规定追究刑事责任。

● 相关链接

《宪法》第四十二条规定："中华人民共和国公民有劳动的权利

和义务。国家通过各种途径,创造劳动就业条件,加强劳动保护,改善劳动条件,并在发展生产的基础上,提高劳动报酬和福利待遇。"

二、安全生产的意义

安全生产是指在生产经营活动中,为避免造成人员伤害和财产损失的事故而采取相应的事故预防和控制措施,以保证从业人员的人身安全,保证生产经营活动得以顺利进行的相关活动。安全生产的根本目的是保障从业人员在生产过程中的安全和健康。安全生产是安全与生产的统一,安全促进生产,生产必须安全。没有安全就无法进行正常生产。搞好安全生产工作,改善劳动条件,减少职工伤亡与财产损失,不仅可以增加企业效益、促进企业的健康发展、树立企业良好社会形象,而且还可以促进社会稳定和谐、保障经济建设健康发展运行。安全生产也是保证家庭幸福、家人团圆的重要保证。

安全生产是党和国家在生产建设中一贯坚持的指导思想和重要方针,是全面落实科学发展观与构建社会主义和谐社会的必然要求。安全生产事关人民群众生命财产安全,事关改革开放、经济发展和社会稳定大局,事关党和政府形象和声誉。随着经济发展和社会进步,全社会对安全生产的期待不断提高,广大从业人员"体面劳动"意识不断增强,安全法律意识也相应地需要得以加强,在安全生产领域牢固树立学法规、知法规、懂法、守法的法律观念。

● 相关链接

中共中央总书记、国家主席、中央军委主席习近平于2013年11月24日到山东考察贯彻落实党的十八届三中全会精神、做好经济社会发展工作,下午专程到青岛市,考察青岛经济技术开发区中石化东黄输油管道事故抢险工作。他强调,这次事故再一次给我们敲响了警钟,安全生产必须警钟长鸣、常抓不懈,丝毫放松不得,否则就会给国家和人民带来不可挽回的损失。必须建立健全安全生产责任体系,强化企业主体责任,深化安全生产大检查,认真吸取教训,注重举一反三,全面加强安全生产工作。

李克强总理在政府工作报告中指出,过去一年政府加强安全生产和市场监管,完善相关机制,严肃查处重大安全事故并追究有关人员责任,重特大事故下降 16.9%。但生产安全重特大事故时有发生。他强调,人命关天,安全生产这根弦任何时候都要绷紧。要严格执行安全生产法律法规,全面落实安全生产责任制,坚决遏制重特大安全事故发生。

三、安全生产方针

现阶段我国安全生产方针是"安全第一、预防为主、综合治理"。

"安全第一",就是在生产经营活动中,在处理保证安全与生产经营活动的关系上,要始终把安全放在首要位置,优先考虑从业人员和其他人员的人身安全,实行"安全优先"的原则。在确保安全的前提下,努力实现生产的其他目标。

"预防为主",就是按照系统化、科学化的管理思想,按照事故发生的规律和特点,千方百计地预防事故的发生,做到防患于未然,将事故隐患消灭在萌芽状态。虽然人类在生产活动中还不可能完全杜绝事故的发生,但只要思想重视,预防得当,事故是可以减少和避免的。

"综合治理",就是标本兼治,重在治本,在采取断然措施遏制重特大事故,实现治标的同时,积极探索和实施治本之策,综合运用科技手段、法律手段、经济手段和必要的行政手段,从发展规划、行业管理、安全投入、科技进步、经济决策、教育培训、安全立法、激励约束、企业管理、监管体制、社会监督以及追究事故责任、查处违法违纪等方面着手,解决影响制约我国安全生产的历史性、深层次问题,做到思想认识上警钟长鸣,制度保证上严密有效,技术支撑上坚强有力,监督检查上严格细致,事故处理上严肃认真。

四、增强安全生产法律意识

增强安全生产法律意识是运用法律手段保障安全生产的前提,这既是由安全生产的特点所决定的,又是由法律的特点所决定的。第一,安全生产是一个普遍的要求,即事事、处处、人人都必须重视和实现安全生产的要求,而法律的普遍性和强大约束力的特点正可以为安全生产的这种普遍要求提供有力的保障。第二,安全生产的要求必须自觉遵守,认真执行,不得违反,而安全生产的这种强制性要求只有通过立法程序变成法律规定才能实现,使违反者受到法律的追究,承担法律责任。第三,安全生产事关重大,需要有权威的力量来支持与保障,而法律的一个特有的优势就是具有权威性,可以用国家的力量来强制执行。增强安全生产法律意识的目的,就是使人们认识到法律的权威不容侵犯,自觉遵守安全生产法律、法规,从而保障生产活动安全运行。

● 相关链接

安全生产法律体系是指我国全部现行的、不同的安全生产法律规范形成的有机联系的统一整体。按法律地位及效力同等原则,安全生产法律体系分为以下六个门类:宪法、安全生产方面的法律、安全生产行政法规、地方性安全生产行政法规、部门安全生产规章和地方政府安全规章、安全生产标准。

其中《安全生产法》是我国第一部全面规范安全生产的专门法律,是我国安全生产法律体系的主体法,是各类生产经营单位及其从业人员实现安全生产所必须遵循的行为准则,是各级人民政府及其有关部门进行监督管理和行政执法的法律依据,是制裁各种安全生产违法犯罪行为的有力武器。

第二节　劳动合同的签订

一、劳动合同的主要内容

1.《劳动合同法》中一般劳动合同的有关规定

用人单位招用劳动者时,应当如实告知劳动者工作内容、工作条件、工作地点、职业危害、安全生产状况、劳动报酬,以及劳动者要求了解的其他情况;用人单位有权了解劳动者与劳动合同直接相关的基本情况,劳动者应当如实说明。

劳动合同由用人单位与劳动者协商一致,并经用人单位与劳动者在劳动合同文本上签字或者盖章生效,不得由他人代签。劳动合同文本由用人单位和劳动者各执一份。

劳动合同应当具备以下条款:①用人单位的名称、住所和法定代表人或者主要负责人;②劳动者的姓名、住址和居民身份证或者其他有效身份证件号码;③劳动合同期限;④工作内容和工作地点;⑤工作时间和休息休假;⑥劳动报酬;⑦社会保险;⑧劳动保护、劳动条件和职业危害防护;⑨法律、法规规定应当纳入劳动合同的其他事项。除以上规定的必备条款外,用人单位与劳动者可以约定试用期、培训、保守秘密、补充保险和福利待遇等其他事项。

2.《劳动合同法》中集体合同的有关规定

企业职工一方与用人单位通过平等协商,可以就劳动报酬、工作时间、休息休假、劳动安全卫生、保险福利等事项订立集体合同。集体合同草案应当提交职工代表大会或者全体职工讨论通过。

集体合同由工会代表企业职工一方与用人单位订立;尚未建立工会的用人单位,由上级工会指导劳动者推举的代表与用人单位订立。

企业职工一方与用人单位可以订立劳动安全卫生、女职工权益保护、工资调整机制等专项集体合同。

3.《劳动合同法》中劳务派遣的有关规定

劳务派遣单位是用人单位，应当履行用人单位对劳动者的义务。劳务派遣单位与被派遣劳动者订立的劳动合同，除应当载明劳动合同必备条款外，还应当载明被派遣劳动者的用工单位以及派遣期限、工作岗位等情况。

劳务派遣单位应当与被派遣劳动者订立两年以上的固定期限劳动合同，按月支付劳动报酬；被派遣劳动者在无工作期间，劳务派遣单位应当按照所在地人民政府规定的最低工资标准，向其按月支付报酬。

劳务派遣单位应当将劳务派遣协议的内容告知被派遣劳动者，不得克扣用工单位按照劳务派遣协议支付给被派遣劳动者的劳动报酬，用工单位不得向被派遣劳动者收取费用。

被派遣劳动者享有与用工单位的劳动者同工同酬的权利。用工单位无同类岗位劳动者的，参照用工单位所在地相同或者相近岗位劳动者的劳动报酬确定。

4.《劳动合同法》中非全日制用工的有关规定

非全日制用工，是指以小时计酬为主，劳动者在同一用人单位一般平均每日工作时间不超过 4 小时，每周工作时间累计不超过 24 小时的用工形式。

非全日制用工双方当事人可以订立口头协议。

非全日制用工双方当事人任何一方都可以随时通知对方终止用工。终止用工，用人单位不向劳动者支付经济补偿。

非全日制用工小时计酬标准不得低于用人单位所在地人民政府规定的最低小时工资标准。

非全日制用工劳动报酬结算支付周期最长不得超过 15 日。

二、六类合同不要签

在签订劳动合同时，务工人员要仔细阅读合同内容，谨防陷阱，

以下几种合同不要签:

(1)"生死合同":在有些危险性较高的行业,用人单位往往在合同中写上一些逃避责任的条款,典型的如"发生伤亡事故,单位概不负责"。

(2)"暗箱合同":这类合同只从用人单位的利益出发,隐瞒工作过程中的职业危害或者采取欺骗手段引诱务工人员上当。

(3)"霸王合同"(又称"单方合同"):有的用人单位与务工人员签订劳动合同时,只强调用人单位的利益,无视务工人员依法享有的权益,采用格式化合同,不容务工人员提出不同意见,甚至规定"本合同各条款由用人单位解释"等。

(4)"卖身合同":这类合同要求务工人员完全听从用人单位安排,用人单位可以任意加班加点,强迫劳动,使务工人员完全失去人身自由。

(5)"双面合同":一些用人单位在与务工人员签订合同时准备了两份合同,一份是假合同,用来应付有关部门检查;一份是真合同,用来约束务工人员。

(6)"抵押合同":用人单位在合同中以种种名目向务工人员收取风险基金、保证金、抵押金或让务工人员交身份证作抵押等。务工人员在签订劳动合同时,不要交押金,不要交身份证。如果需要,可以交身份证复印件。

如果已经签订了上述合同,可以向当地劳动保障部门反映。

三、劳动合同中的试用期

劳动合同期限三个月以上不满一年的,试用期不得超过一个月;劳动合同期限一年以上不满三年的,试用期不得超过两个月;三年以上固定期限和无固定期限的劳动合同,试用期不得超过六个月。

同一用人单位与同一劳动者只能约定一次试用期。

以完成一定工作任务为期限的劳动合同或者劳动合同期限不

满三个月的,不得约定试用期。

试用期包含在劳动合同期限内。劳动合同仅约定试用期的,试用期不成立,该期限为劳动合同期限。

劳动者在试用期的工资不得低于本单位相同岗位最低档工资或者劳动合同约定工资的80%,并不得低于用人单位所在地的最低工资标准。

非全日制用工双方当事人不得约定试用期。

四、劳动合同的终止与解除

(1)用人单位与劳动者协商一致,可以解除劳动合同。

(2)劳动者提前30日以书面形式通知用人单位,可以解除劳动合同。劳动者在试用期内提前3日通知用人单位,可以解除劳动合同。

(3)用人单位有下列情形之一的,劳动者可以解除劳动合同:①未按照劳动合同约定提供劳动保护或者劳动条件的;②未及时足额支付劳动报酬的;③未依法为劳动者缴纳社会保险费的;④用人单位的规章制度违反法律、法规的规定,损害劳动者权益的;⑤因用人单位以欺诈、胁迫的手段或者乘人之危,使劳动者在违背真实意思的情况下订立或者变更劳动合同致使劳动合同无效的;⑥法律、行政法规规定劳动者可以解除劳动合同的其他情形。

用人单位以暴力、威胁或者非法限制人身自由的手段强迫劳动者劳动的,或者用人单位违章指挥、强令冒险作业危及劳动者人身安全的,劳动者可以立即解除劳动合同,不需事先告知用人单位。

(4)劳动者有下列情形之一的,用人单位可以解除劳动合同:①在试用期间被证明不符合录用条件的;②严重违反用人单位的规章制度的;③严重失职,营私舞弊,给用人单位造成重大损害的;④劳动者同时与其他用人单位建立劳动关系,对完成本单位的工作任务造成严重影响,或者经用人单位提出,拒不改正的;⑤因劳动者以欺诈、胁迫的手段或者乘人之危,使对方在违背真实意思的情况下订立或者变更劳动合同致使劳动合同无效的；⑥被依法追究刑事责任的。

(5)劳动者有下列情形之一的，用人单位不得解除劳动合同：①从事接触职业病危害作业的劳动者未进行离岗前职业健康检查，或者疑似职业病病人在诊断或者医学观察期间的；②在本单位患职业病或者因工负伤并被确认丧失或者部分丧失劳动能力的；③患病或者非因工负伤，在规定的医疗期内的；④女职工在孕期、产期、哺乳期的；⑤在本单位连续工作满 15 年，且距法定退休年龄不足 5 年的；⑥法律、行政法规规定的其他情形。

● 相关链接

《劳动合同法》共 8 章 98 条，于 2008 年 1 月 1 日起实施。2012 年 12 月 28 日，第十一届全国人民代表大会常务委员会第三十次会议予通过《全国人民代表大会常务委员会关于修改〈中华人民共和国劳动合同法〉的决定》，自 2013 年 7 月 1 日起施行。该法的立法目的是：为了完善劳动合同制度，明确劳动合同双方当事人的权利和义务，保护劳动者的合法权益，构建和发展和谐稳定的劳动关系。

新《安全生产法》第四十九条规定：生产经营单位与从业人员订立的劳动合同，应当载明有关保障从业人员劳动安全、防止职业危害的事项，以及依法为从业人员办理工伤保险的事项。生产经营单位不得以任何形式与从业人员订立协议，免除或者减轻其对从业人员因生产安全事故伤亡依法应承担的责任。

第三节　工伤保险

一、工伤认定

(1)职工有下列情形之一的，应当认定为工伤：

①在工作时间和工作场所内,因工作原因受到事故伤害的;

②工作时间前后在工作场所内,从事与工作有关的预备性或者收尾性工作受到事故伤害的;

③在工作时间和工作场所内,因履行工作职责受到暴力等意外伤害的;

④患职业病的;

⑤因工外出期间,由于工作原因受到伤害或者发生事故下落不明的;

⑥在上下班途中,受到非本人主要责任的交通事故或者城市轨道交通、客运轮渡、火车事故伤害的;

⑦法律、行政法规规定应当认定为工伤的其他情形。

(2)职工有下列情形之一的,视同工伤:

①在工作时间和工作岗位,突发疾病死亡或者在 48 小时之内经抢救无效死亡的;

②在抢险救灾等维护国家利益、公共利益活动中受到伤害的;

③职工原在军队服役,因战、因公负伤致残,已取得革命伤残军人证,到用人单位后旧伤复发的。

(3)职工符合以上两条的规定,但是有下列情形之一的,不得认定为工伤或者视同工伤:

①故意犯罪的;

②醉酒或者吸毒的;

③自残或者自杀的。

二、工伤申报

职工发生事故伤害或者按照职业病防治法规定被诊断、鉴定为职业病,所在单位应当自事故伤害发生之日或者自被诊断、鉴定为职业病之日起 30 日内,向统筹地区社会保险行政部门提出工伤认定申请。遇有特殊情况,经报社会保险行政部门同意,申请时限可以适当延长。

　　用人单位未按规定提出工伤认定申请的，工伤职工或者其近亲属、工会组织在事故伤害发生之日或者被诊断、鉴定为职业病之日起一年内，可以直接向用人单位所在地统筹地区社会保险行政部门提出工伤认定申请。

　　提出工伤认定申请应当提交下列材料：工伤认定申请表；与用人单位存在劳动关系（包括事实劳动关系）的证明材料；医疗诊断证明或者职业病诊断证明书（或者职业病诊断鉴定书）。工伤认定申请表应当包括事故发生的时间、地点、原因以及职工伤害程度等基本情况。

三、劳动能力鉴定

　　劳动能力鉴定是指劳动功能障碍程度和生活自理障碍程度的等级鉴定。劳动功能障碍分为十个伤残等级，最重的为一级，最轻的为十级。生活自理障碍分为三个等级：生活完全不能自理、生活大部分不能自理和生活部分不能自理。劳动能力鉴定由用人单位、工伤职工或者其近亲属向设区的市级劳动能力鉴定委员会提出申请，并提供工伤认定决定和职工工伤医疗的有关资料。

　　申请鉴定的单位或者个人对设区的市级劳动能力鉴定委员会作出的鉴定结论不服的，可以在收到该鉴定结论之日起 15 日内向省、自治区、直辖市劳动能力鉴定委员会提出再次鉴定申请。省、自治区、直辖市劳动能力鉴定委员会作出的劳动能力鉴定结论为最终结论。自劳动能力鉴定结论作出之日起一年后，工伤职工或者其近亲属、所在单位或者经办机构认为伤残情况发生变化的，可以申请劳动能力复查鉴定。

四、工伤保险待遇

　　（1）职工因工作遭受事故伤害或者患职业病进行治疗，享受工伤医疗待遇。职工治疗工伤应当在签订服务协议的医疗机构就医，情况紧急时可以先到就近的医疗机构急救。治疗工伤所需费用符合工伤保险诊疗项目目录、工伤保险药品目录、工伤保险住院服务标准的，从工伤保险基金支付。职工住院治疗工伤的伙食补助费，以及经医疗机构出具证明，报经办机构同意，工伤职工到统筹地区以外就医所需的交通、食宿费用从工伤保险基金支付。工伤职工治疗非工伤引发的疾病，不享受工伤医疗待遇，按照基本医疗保险办法处理。工伤职工到签订服务协议的医疗机构进行工伤康复的费用，符合规定的，从工伤保险基金支付。

（2）社会保险行政部门作出认定为工伤的决定后发生行政复议、行政诉讼的，行政复议和行政诉讼期间不停止支付工伤职工治疗工伤的医疗费用。

（3）工伤职工因日常生活或者就业需要，经劳动能力鉴定委员会确认，可以安装假肢、矫形器、假眼、假牙和配置轮椅等辅助器具，所需费用按照国家规定的标准从工伤保险基金支付。

（4）职工因工作遭受事故伤害或者患职业病需要暂停工作接受工伤医疗的，在停工留薪期内，原工资福利待遇不变，由所在单位按月支付。停工留薪期一般不超过 12 个月，伤情严重或者情况特殊，经设区的市级劳动能力鉴定委员会确认，可以适当延长，但延长不得超过 12 个月。工伤职工评定伤残等级后，停发原待遇，按照本章的有关规定享受伤残待遇。工伤职工在停工留薪期满后仍需治疗的，继续享受工伤医疗待遇。生活不能自理的工伤职工在停工留薪期需要护理的，由所在单位负责。

（5）工伤职工已经评定伤残等级并经劳动能力鉴定委员会确认需要生活护理的，从工伤保险基金按月支付生活护理费。生活护理费按照生活完全不能自理、生活大部分不能自理或者生活部分不能自理 3 个不同等级支付，其标准分别为统筹地区上年度职工月平均工资的 50%、40% 或者 30%。

(6)职工因工致残被鉴定为一级至四级伤残的,保留劳动关系,退出工作岗位,享受以下待遇。

①从工伤保险基金按伤残等级支付一次性伤残补助金,标准为:一级伤残为 27 个月的本人工资,二级伤残为 25 个月的本人工资,三级伤残为 23 个月的本人工资,四级伤残为 21 个月的本人工资。

②从工伤保险基金按月支付伤残津贴,标准为:一级伤残为本人工资的 90%,二级伤残为本人工资的 85%,三级伤残为本人工资的 80%,四级伤残为本人工资的 75%。伤残津贴实际金额低于当地最低工资标准的,由工伤保险基金补足差额。

③工伤职工达到退休年龄并办理退休手续后,停发伤残津贴,按照国家有关规定享受基本养老保险待遇。基本养老保险待遇低于伤残津贴的,由工伤保险基金补足差额。

职工因工致残被鉴定为一级至四级伤残的,由用人单位和职工个人以伤残津贴为基数,缴纳基本医疗保险费。

(7)职工因工致残被鉴定为五级、六级伤残的,享受以下待遇。

①从工伤保险基金按伤残等级支付一次性伤残补助金,标准为:五级伤残为 18 个月的本人工资,六级伤残为 16 个月的本人工资。

②保留与用人单位的劳动关系,由用人单位安排适当工作。难以安排工作的,由用人单位按月发给伤残津贴,标准为:五级伤残为本人工资的 70%,六级伤残为本人工资的 60%,并由用人单位按照规定为其缴纳应缴纳的各项社会保险费。伤残津贴实际金额低于当地最低工资标准的,由用人单位补足差额。

经工伤职工本人提出,该职工可以与用人单位解除或者终止劳动关系,由工伤保险基金支付一次性工伤医疗补助金,由用人单位支付一次性伤残就业补助金。一次性工伤医疗补助金和一次性伤残就业补助金的具体标准由省、自治区、直辖市人民政府规定。

(8)职工因工致残被鉴定为七级至十级伤残的,享受以下待遇。

①从工伤保险基金按伤残等级支付一次性伤残补助金,标准为:七级伤残为 13 个月的本人工资,八级伤残为 11 个月的本人工资,九级伤残为 9 个月的本人工资,十级伤残为 7 个月的本人工资。

②劳动、聘用合同期满终止,或者职工本人提出解除劳动、聘用合同的,由工伤保险基金支付一次性工伤医疗补助金,由用人单位支付一次性伤残就业补助金。一次性工伤医疗补助金和一次性伤残就业补助金的具体标准由省、自治区、直辖市人民政府规定。

(9)职工因工死亡,其近亲属按照下列规定从工伤保险基金领取丧葬补助金、供养亲属抚恤金和一次性工亡补助金。

①丧葬补助金为 6 个月的统筹地区上年度职工月平均工资。

②供养亲属抚恤金按照职工本人工资的一定比例发给由因工死亡职工生前提供主要生活来源、无劳动能力的亲属。标准为:配偶每月 40%,其他亲属每人每月 30%,孤寡老人或者孤儿每人每月在上述标准的基础上增加 10%。核定的各供养亲属的抚恤金之和不应高于因工死亡职工生前的工资。供养亲属的具体范围由国务院社会保险行政部门规定。

③一次性工亡补助金标准为上一年度全国城镇居民人均可支配收入的 20 倍。

伤残职工在停工留薪期内因工伤导致死亡的,其近亲属享受本条第①款规定的待遇。

一级至四级伤残职工在停工留薪期满后死亡的,其近亲属可以享受本条第①款、第②款规定的待遇。

(10)职工因工外出期间发生事故或者在抢险救灾中下落不明的,从事故发生当月起三个月内照发工资,从第四个月起停发工资,由工伤保险基金向其供养亲属按月支付供养亲属抚恤金。生活有困难的,可以预支一次性工亡补助金的 50%。职工被人民法院宣告死亡的,按照职工因工死亡的规定处理。

(11)工伤职工有下列情形之一的,停止享受工伤保险待遇:丧失享受待遇条件的;拒不接受劳动能力鉴定的;拒绝治疗的。

(12)用人单位分立、合并、转让的,承继单位应当承担原用人单位的工伤保险责任;原用人单位已经参加工伤保险的,承继单位应当到当地经办机构办理工伤保险变更登记。用人单位实行承包经营的,工伤保险责任由职工劳动关系所在单位承担。职工被借调期间受到工伤事故伤害的,由原用人单位承担工伤保险责任,但原用人单位与借调单位可以约定补偿办法。企业破产的,在破产清算时依法拨付应当由单位支付的工伤保险待遇费用。

(13)职工被派遣出境工作,依据前往国家或者地区的法律规定参加了当地工伤保险的,其国内工伤保险关系中止;不能参加当地工伤保险的,其国内工伤保险关系不中止。

(14)职工再次发生工伤,根据规定应当享受伤残津贴的,按照新认定的伤残等级享受伤残津贴待遇。

● 相关链接

修订后的《工伤保险条例》共 8 章 67 条,自 2011 年 1 月 1 日起实施。该条例立法目的是:为了保障因工作遭受事故伤害或者患职业病的职工获得医疗救治和经济补偿,促进工伤预防和职业康复,分散用人单位的工伤风险。

第四节 安全生产方面的权利与义务

一、务工人员在安全生产方面的权利

各类生产经营单位的所有制形式、规模、行业、作业条件和管理方式多种多样,法律不可能也不需要对其从业人员所有的安全生产权利都做出具体规定,《安全生产法》主要规定了各类从业人员必须享有的、有关安全生产和人身安全的最重要、最基本的权利。这些

基本安全生产权利,可以概括为以下五项。

1. 享受工伤保险和伤亡赔偿权

从业人员在生产经营作业过程中是否依法享有获得工伤保险和民事赔偿的权利,是长期争论和没有解决的问题,而由此引发的纠纷和社会问题极多。法律是否赋予从业人员这项权利并保证其行使,是《安全生产法》必须解决的问题。鉴于我国的安全生产水平较低,生产安全事故多发,对事故受害者的抚恤、善后等经济补偿的法律规定很不完善,很多生产经营单位没有给从业人员投保,现行的抚恤标准较低,不足以补偿受害者伤亡的经济损失,但又没有法定的补偿制度。一旦发生事故,不是生产经营单位拿不出钱来,就是开支没有合法依据,只好东挪西凑;或者是推托搪塞,拖欠补偿款项,迟迟不能善后;或者是企业经营亏损,无钱补偿;或者是企业负责人一走了之,逃之夭夭;或者是"要钱没有,要命有一条",许多民营企业老板逃避法律责任,把"包袱"甩给政府,最终受害的是从业人员。

《安全生产法》赋予了从业人员享有工伤保险和获得伤亡赔偿的权利,同时规定了生产经营单位的相关义务。新《安全生产法》第四十九条规定:"生产经营单位与从业人员订立的劳动合同,应当载明有关保障从业人员劳动安全、防止职业危害的事项,以及依法为从业人员办理工伤保险的事项。生产经营单位不得以任何形式与从业人员订立协议,免除或者减轻其对从业人员因生产安全事故伤亡依法应当承担的责任。"第五十三条规定:"因生产安全事故受到损害的从业人员,除依法享有获得工伤保险外,依照有关民事法律尚有获得赔偿的权利的,有权向本单位提出赔偿要求。"第四十八条规定:"生产经营单位必须依法参加工伤保险,为从业人员缴纳保险费"。此外,对生产经营单位与从业人员订立协议,免除或者减轻其对从业人员因生产安全事故伤亡依法应承担的责任的,法律规定该协议无效,并对生产经营单位主要负责人、个人经营的投资人处以 2 万元以上 10 万元以下的罚款。《安全生产法》的有关规定,明确了

以下四个问题:

第一,从业人员依法享有工伤保险和伤亡求偿的权利。法律规定这项权利必须以劳动合同必要条款的书面形式加以确认。没有依法载明或者免除或者减轻生产经营单位对从业人员因生产安全事故伤亡依法应承担的责任的,是一种非法行为,应当承担相应的法律责任。

第二,依法为从业人员缴纳工伤保险费和给予民事赔偿,是生产经营单位的法律义务。生产经营单位不得以任何形式免除该项义务,不得变相以抵押金、担保金等名义强制从业人员缴纳工伤保险费。

第三,发生生产安全事故后,从业人员首先依照劳动合同和工伤保险合同的约定,享有相应的赔付金。如果工伤保险金不足以补偿受害者的人身损害及经济损失,依照有关民事法律应当给予赔偿的,从业人员或其亲属有要求生产经营单位给予赔偿的权利,生产经营单位必须履行相应的赔偿义务。否则,受害者或其亲属有向人民法院起诉和申请强制执行的权利。

第四,从业人员获得工伤保险赔付和民事赔偿的金额标准、领取和支付程序,必须符合法律、法规和国家的有关规定。从业人员和生产经营单位均不得自行确定标准,不得非法提高或者降低标准。

2. 危险因素和应急措施的知情权

生产经营单位特别是从事矿山、金属冶炼、建筑施工和危险物品生产、经营单位以及公众聚集场所,往往存在着一些对从业人员生命和健康有危险、危害的因素,譬如接触粉尘、顶板、突水、火险、瓦斯、高空坠落、有毒有害、放射性、腐蚀性、易燃易爆等场所、工种、岗位、工序、设备、原材料、产品,都有发生人身伤亡事故的可能。直接接触这些危险因素的从业人员往往是生产安全事故的直接受害者。如果从业人员知道并且掌握有关安全知识和处理方法,就可以消除许多不安全因素和隐患,避免事故发生或者减少人身伤亡。所以,《安全生产法》规定,生产经营单位的从业人员有权了解其作业场所和工作岗位存在的危险因素及事故应急措施。要保证从业人员这项权利的行使,生产经营单位就有义务事前告知有关危险因素和事故应急措施。否则,生产经营单位就侵犯了从业人员的权利,并对由此产生的后果承担相应的法律责任。

3. 安全管理的批评检控权

从业人员是生产经营单位的生产经营的直接接触者,他们对安全生产情况尤其是安全管理中的问题和事故隐患最了解、最熟悉,具有他人不能替代的作用。只有依靠他们并且赋予必要的安全生产监督权和自我保护权,才能做到预防为主,防患于未然,才能保障他们的人身安全和健康。关注安全,就是关爱生命,关心企业。一些生产经营单位的主要负责人不重视安全生产,对安全问题熟视无睹,不听取从业人员的正确意见和建议,使本来可以发现、及时处理的事故隐患不断扩大,导致事故和人员伤亡;有的竟然对批评、检举、控告生产经营单位安全生产问题的从业人员进行打击报复。《安全生产法》针对某些生产经营单位存在的不重视甚至剥夺从业人员对安全管理监督权利的问题,规定从业人员有权对本单位的安全生产工作提出建议;有权对本单位安全生产工作中存在的问题提出批评、检举、控告。

4. 拒绝违章指挥和强令冒险作业权

在生产经营活动中,经常出现企业负责人或者管理人员违章指挥和强令从业人员冒险作业的现象,由此导致事故,造成人员大量伤亡。因此,法律赋予从业人员拒绝违章指挥和强令冒险作业的权利,不仅是为了保护从业人员的人身安全,也是为了警示生产经营单位负责人和管理人员必须照章指挥,保证安全,并不得因从业人员拒绝违章指挥和强令冒险作业而对其进行打击报复。新《安全生产法》第五十一条规定:"生产经营单位不得因从业人员对本单位安全生产工作提出批评、检举、控告或者拒绝违章指挥、强令冒险作业而降低其工资、福利等待遇或者解除与其订立的劳动合同。"

5. 紧急情况下的停止作业和紧急撤离权

由于生产经营场所的自然和人为的危险因素的存在,经常会在生产经营作业过程中发生一些意外的或者人为的直接危及从业人员人身安全的危险情况,将会或者可能会对从业人员造成人身伤害。比如从事矿山、金属冶炼、建筑施工、道路运输以及危险物品生产作业的从业人员,一旦发现将要发生透水、瓦斯爆炸、煤和瓦斯突出、冒顶片帮、坠落、倒塌、危险物品泄漏、燃烧、爆炸等紧急情况并且无法避免时,最大限度地保护现场作业人员的生命安全是第一位的,法律赋予他们享有停止作业和紧急撤离的权利。从业人员在行使这项权利的时候,必须明确四点:一是危及从业人员人身安全的紧急情况必须有确实可靠的直接根据,凭借个人猜测或者误判而实际并不属于危及人身安全的紧急情况除外,该项权利也不能滥用;二是紧急情况必须直接危及人身安全,间接或者可能危及人身安全的情况不应撤离,而应采取有效处理措施;三是出现危及人身安全的紧急情况时,首先是停止作业,然后要采取可能的应急措施,采取应急措施无效时,再撤离作业场所;四是该项权利不适用于某些从事特殊职业的从业人员,比如飞行人员、船舶驾驶人员、车辆驾驶人员等,根据有关法律、国际公约和职业惯例,在发生危及人身安全的紧急情况下,他们不能或者不应先行撤离从业场所或者单位。

二、务工人员在安全生产方面的义务

作为法律关系的内容的权利和义务是对等的。没有无权利的义务,也没有无义务的权利。职工依法享有权利,同时也必须承担相应的法律义务和法律责任。职工在生产劳动中,除享有安全生产的有关权利以外,还应当承担相应的义务。职工在安全生产方面的义务主要有以下方面。

1. 遵章守纪、服从管理的义务

企业生产涉及大量的人员、设备和工艺。为保证生产的顺利进行，根据有关法律、法规的规定，生产经营单位制定本单位安全生产的规章制度和操作规程。职工必须严格依照这些规章制度和操作规程进行生产经营作业。事实表明，职工违反规章制度和操作规程，是导致大量生产安全事故的主要原因。生产经营单位的负责人和管理人员有权依照规章制度和操作规程进行安全管理，监督检查职工遵章守纪的情况。对这些安全生产管理措施，职工必须接受并服从管理。依照新《安全生产法》第一百零四条规定，生产经营单位的从业人员不服从管理，违反安全生产规章制度和操作规程的，由生产经营单位给予批评教育，依照有关规章制度给予处分；构成犯罪的，依照《刑法》有关规定追究刑事责任。

2. 正确佩戴和使用劳保用品的义务

为保障职工人身安全，生产经营单位必须为职工提供必要的、符合要求的劳动防护用品，以避免或者减轻作业和事故中的人身伤害。同时，有关法律要求职工必须正确佩戴和使用劳动防护用品，比如煤矿矿工井下作业时必须佩戴矿灯用于照明，从事高空作业的工人必须佩戴安全带以防坠落等等。但在实际工作中，一些职工缺乏安全知识，认为佩戴和使用劳动防护用品没有必要，往往不按规定佩戴或者不能正确佩戴和使用劳动防护用品，由此引发的人身伤害时有发生，造成不必要的伤亡，给自身和家庭带来巨大痛苦。

3. 接受培训、掌握安全生产技能的义务

不同行业、不同生产经营单位、不同工作岗位和不同的生产经营设施、设备具有不同的安全技术特性和要求。随着生产经营领域的不断扩大和高新安全技术装备的大量使用，生产经营单位对职工的安全素质要求越来越高。职工的安全生产意识和安全技能的高低，直接关系到生产经营活动的安全可靠性。特别是从事矿山、金属冶炼、建筑施工、道路运输及危险物品生产作业和使用的职工，更需要具有系统的安全知识、熟练的安全生产技能,以及对不安全因素和事故隐患、突发事故的预防、处理能力和经验。为搞好安全生产,防止发生伤亡事故,职工有义务接受安全生产教育和培训,掌握本职工作必备的安全生产知识,提高安全生产技能,增强事故预防和应急处理能力。

　　4. 发现事故隐患及时报告的义务

　　职工直接进行生产作业,是事故隐患不安全因素的第一当事人。许多生产安全事故是由于职工在作业现场发现事故隐患和不安全因素后,没有及时报告,延误了采取措施进行紧急处理的时机,以致造成重大、特大事故。为此,有关法律规定,职工发现事故隐患或者其他不安全因素,应当立即向现场安全生产管理人员或者本单位负责人报告;接到报告的人员应当及时予以处理。生产经营单位发生生产安全事故后,事故现场有关人员应当立即报告本单位负责人。

● 相关链接

　　新《安全生产法》第六条规定:生产经营单位的从业人员有依法获得安全生产保障的权利,并应当依法履行安全生产方面的义务。

　　第五十条规定:生产经营单位的从业人员有权了解其作业场所和工作岗位存在的危险因素、防范措施及事故应急措施,有权对本单位的安全生产工作提出建议。

　　第五十一条规定:从业人员有权对本单位安全生产工作中存在的问题提出批评、检举、控告;有权拒绝违章指挥和强令冒险作业;生产经营单位不得因从业人员对本单位安全生产工作提出批评、检举、控告或者拒绝违章指挥、强令冒险作业而降低其工资、福利等待遇或者解除与其订立的劳动合同。

　　第五十二条规定:从业人员发现直接危及人身安全的紧急情况时,有权停止作业或者在采取可能的应急措施后撤离作业场所;生产经营单位不得因从业人员在前款紧急情况下停止作业或者采取紧急撤离措施而降低其工资、福利等待遇或者解除与其订立的劳动合同。

第五十三条规定：因生产安全事故受到损害的从业人员，除依法享有工伤保险外，依照有关民事法律尚有获得赔偿的权利的，有权向本单位提出赔偿要求。

第五节　特殊人群的保护

一、未满 16 周岁的未成年人不得就业

《禁止使用童工规定》规定，国家机关、社会团体、企业事业单位、民办非企业单位或者个体工商户等各种用人单位均不得招用不满 16 周岁的未成年人（招用不满 16 周岁的未成年人，统称使用童工）。禁止任何单位或者个人为不满 16 周岁的未成年人介绍就业。禁止不满 16 周岁的未成年人开业从事个体经营活动。不满 16 周岁的未成年人的父母或者其他监护人应当保护其身心健康，保障其接受义务教育的权利，不得允许其被用人单位非法招用。任何单位或者个人使用童工或者为不满 16 周岁的未成年人介绍就业的，依法进行处罚，触犯刑律的，依法追究刑事责任。不满 16 周岁的未成年人的父母或者其他监护人允许其被用人单位非法招用的，所在地的乡（镇）人民政府、城市街道办事处以及村民委员会、居民委员会应当给予批评教育。

二、未成年工保护

未成年工是指年满 16 周岁、未满 18 周岁的劳动者。未成年工的特殊保护是针对未成年工处于生长发育期的特点，以及接受义务教育的需要，采取的特殊劳动保护措施。

(1)用人单位不得安排未成年工从事以下范围的劳动:

①《生产性粉尘作业危害程度分级》国家标准中第一级以上的接尘作业;

②《有毒作业分级》国家标准中第一级以上的有毒作业;

③《高处作业分级》国家标准中第二级以上的高处作业;

④《冷水作业分级》国家标准中第二级以上的冷水作业;

⑤《高温作业分级》国家标准中第三级以上的高温作业;

⑥《低温作业分级》国家标准中第三级以上的低温作业;

⑦《体力劳动强度分级》国家标准中第四级体力劳动强度的作业;

⑧矿山井下及矿山地面采石作业;

⑨森林业中的伐木、流放及守林作业;

⑩工作场所接触放射性物质的作业;

⑪有易燃易爆、化学性烧伤和热烧伤等危险性大的作业;

⑫地质勘探和资源勘探的野外作业;

⑬潜水、涵洞、涵道作业和海拔3千米以上的高原作业(不包括世居高原者);

⑭连续负重每小时在6次以上并每次超过20千克,间断负重每次超过25千克的作业;

⑮使用凿岩机、捣固机、气镐、气铲、铆钉机、电锤的作业;

⑯工作中需要长时间保持低头、弯腰、上举、下蹲等强迫体位和动作频率每分钟大于50次的流水线作业;

⑰锅炉司炉。

(2)未成年工患有某种疾病或具有某些生理缺陷(非残疾型)时,用人单位不得安排其从事以下范围的劳动:

①《高处作业分级》国家标准中第一级以上的高处作业;

②《低温作业分级》国家标准中第二级以上的低温作业;

③《高温作业分级》国家标准中第二级以上的高温作业;

④《体力劳动强度分级》国家标准中第三级以上体力劳动强度的作业；

⑤接触铅、苯、汞、甲醛、二硫化碳等易引起过敏反应的作业。

（3）患有某种疾病或具有某些生理缺陷（非残疾型）的未成年工，是指有以下一种或一种以上情况者。

①心血管系统：先天性心脏病；克山病；收缩期或舒张期二级以上心脏杂音。

②呼吸系统：中度以上气管炎或支气管哮喘；呼吸音明显减弱；各类结核病；体弱儿；呼吸道反复感染者。

③消化系统：各类肝炎；肝、脾肿大；胃、十二指肠溃疡；各种消化道疝。

④泌尿系统：急、慢性肾炎；泌尿系统感染。

⑤内分泌系统：甲状腺功能亢进；中度以上糖尿病。

⑥精神神经系统：智力明显低下；精神忧郁或狂暴。

⑦肌肉、骨骼运动系统：身高和体重低于同龄人标准；一个及一个以上肢体存在明显功能障碍；躯干 1/4 以上部位活动受限，包括强直或不能旋转。

⑧其他：结核性胸膜炎；各类重度关节炎；血吸虫病；严重贫血，其血红蛋白每升低于 95 克。

三、女职工禁忌从事的劳动范围

1. 一般情况下女职工禁忌从事的劳动范围

（1）矿山井下作业；

（2）体力劳动强度分级标准中第四级体力劳动强度的作业；

（3）每小时负重 6 次以上、每次负重超过 20 千克的作业，或者间断负重、每次负重超过 25 千克的作业。

2. 女职工在月经期间禁忌从事的劳动范围

（1）《冷水作业分级》标准中规定的第二级、第三级、第四级冷水作业；

(2)《低温作业分级》标准中规定的第二级、第三级、第四级低温作业；

(3)《体力劳动强度分级》标准中规定的第三级、第四级体力劳动强度的作业。

3. 女职工在怀孕期间禁忌从事的劳动范围

(1)作业场所空气中铅及其化合物、汞及其化合物、苯、镉、铍、砷、氰化物、氮氧化物、一氧化碳、二硫化碳、氯、乙内酰胺、氯丁二烯、氯乙烯、环氧乙烷、苯胺、甲醛等有毒物质浓度超过国家职业卫生标准的作业；

(2)从事抗癌药物、己烯雌酚生产，接触麻醉剂气体等易导致流产或者胎儿发育畸形的作业；

(3)非密封源放射性物质的操作，核事故与放射事故的应急处置；

(4)《高处作业分级》标准中规定的高处作业；

(5)《冷水作业分级》标准中规定的冷水作业；

(6)《低温作业分级》标准中规定的低温作业；

(7)《高温作业分级》标准中规定的第三级、第四级的作业；

(8)《噪声作业分级》标准中规定的第三级、第四级的作业；

(9)《体力劳动强度分级》标准中规定的第三级、第四级体力劳动强度的作业；

(10)在密闭空间、高压室作业或者潜水作业，伴有强烈振动的作业，或者需要频繁弯腰、攀高、下蹲的作业。

4. 女职工在哺乳期间禁忌从事的劳动范围

(1)怀孕期间禁忌从事的劳动范围的第(1)项、第(9)项；

(2)怀孕期间禁忌从事的劳动范围的第(3)项；

(3)作业场所空气中锰、氟、溴、甲醇、有机磷化合物、有机氯化合物等有毒化学物质的浓度超过国家职业卫生标准的作业。

第六节　维护务工人员的合法权益

一、向政府劳动保障行政部门投诉

根据《劳动法》、《劳动保障监察条例》等规定,任何组织或者个人对违反劳动保障法律、法规或者规章的行为,有权向劳动保障行政部门举报。

劳动者认为用人单位侵犯其劳动保障合法权益的,有权向劳动保障行政部门投诉。可以投诉的事项包括:①用人单位违反录用和招聘职工规定的。如招用童工、收取风险抵押金、扣押身份证件等。②用人单位违反有关劳动合同规定的。如拒不签订劳动合同、违法解除劳动合同、解除劳动合同后不按国家规定支付经济补偿金、国有企业终止劳动合同后不按规定支付生活补助费等。③用人单位违反女职工和未成年工特殊劳动保护规定的。如安排女职工和未成年工从事国家规定的禁忌劳动、未对未成年工进行健康检查等。④用人单位违反工作时间和休息休假规定的。如超时加班加点、强迫加班加点、不依法安排劳动者休假等。⑤用人单位违反工资支付规定的。如克扣或无故拖欠工资、拒不支付加班加点工资、拒不遵守最低工资保障制度规定等。⑥用人单位制定的劳动规章制度违反法律法规规定的。如用人单位规章制度规定务工人员不参加工伤保险,工伤责任由务工人员自负等。⑦用人单位违反社会保险规定的。如不依法为务工人员参加社会保险和缴纳社会保险费,不依法支付工伤保险待遇等。⑧未经工商部门登记的非法用工主体违反劳动保障法律法规,侵害务工人员合法权益的。⑨职业中介机构违反职业中介有关规定的。如提供虚假信息、违法乱收费等。⑩从事劳动能力鉴定的组织或者个人违反劳动能力鉴定规定的。如提供虚假鉴定意见、提供虚假诊断证明、收受当事人财物。⑪劳动者认为用人单位等侵犯其其他劳动保障合法权益的。

劳动者对因同一事由引起的集体投诉,投诉人可推荐代表投诉。投诉应当由投诉人向劳动保障行政部门递交投诉文书。书写投诉文书确有困难的,可以口头投诉,由劳动保障监察机构进行笔录,并由投诉人签字。投诉文书应当载明下列事项:①投诉人的姓名、性别、年龄、职业、工作单位、住所和联系方式,被投诉用人单位的名称、住所、法定代表人或者主要负责人的姓名、职务;②劳动保障合法权益受到侵害的事实和投诉请求事项。

二、通过多种程序解决劳动纠纷

根据《劳动法》和《中华人民共和国企业劳动争议处理条例》的规定,劳动者与用人单位发生劳动争议后,可按照以下几个程序解决:①双方自行协商解决。当事人在自愿的基础上进行协商,达成协议。②调解程序。不愿双方自行协商或达不成协议的,双方可自愿申请企业调解委员会调解,对调解达成的协议应自觉履行。调解不成的可申请仲裁。当事人也可直接申请仲裁。③仲裁程序。当事人一方或双方都可以向仲裁委员会申请仲裁。仲裁庭应当先行调解,调解不成的,作出裁决。一方当事人不履行生效的仲裁调解书或裁决书的,另一方当事人可以申请人民法院强制执行。该程序是人民法院处理劳动争议的前置程序,也就是说,人民法院不直接受理没有经过仲裁程序的劳动争议案件。④法院审判程序。当事人对仲裁裁决不服的,可以自收到仲裁裁决书之日起 15 日内将对方当事人作为被告向人民法院提起诉讼。人民法院按照民事诉讼程序进行审理,实行两审终审制。法院审判程序是劳动争议处理的最终程序。

温馨提示

(1)务工人员到职业介绍机构求职时,应注意观察该机构是否有合法证照、批准证书,不应在没有合法证照、批准证书的非法职业介绍机构求职。

(2)劳动者在平时的工作中应注意保留有关证据。

劳动者通过劳动保障监察、劳动争议仲裁、行政复议等法律途径维护自身合法权益,或者申请工伤认定、职业病诊断与鉴定等,都需要提供证明自己主张或案件事实的证据。如果劳动者不能提供有关证据,可能会影响自身权益。因此,劳动者在平时的工作中,应该注意保留有关证据。主要的证据包括:

①来源于用人单位的证据,如与用人单位签订的劳动合同或者与用人单位存在事实劳动关系的证明材料、工资单、用人单位签订劳动合同时收取押金等的收条、用人单位解除或终止劳动关系通知书、出勤记录等;

②来源于其他主体的证据,如职业中介机构的收费单据;

③来源于有关社会机构的证据,如发生工伤或职业病后的医疗诊断证明或者职业病诊断证明书、职业病诊断鉴定书、向劳动保障行政部门寄出举报材料等的邮局回执;

④来源于劳动保障行政部门的证据,如劳动保障行政部门告知投诉受理结果或查处结果的通知书等。

另外,《工伤保险条例》第十九条规定,职工或者其直系亲属认为是工伤,用人单位不认为是工伤的,由用人单位承担举证责任。《最高人民法院关于审理劳动争议案件适用法律若干问题的解释》(法释〔2001〕14号)第十三条规定,因用人单位作出的开除、除名、辞退、解除劳动合同、减少劳动报酬、计算劳动者工作年限等决定而发生的劳动争议,用人单位负举证责任。

(3)劳动者通过法律途径维护自身权益一定要注意不能超过法律规定的时限,具体时限可参照相关法律法规或者咨询当地劳动保障行政部门、工会组织、法律援助等部门和机构。

(4)存在事实劳动关系的劳动者在劳动保障权益受到用人单位

侵害时，同签订劳动合同的劳动者一样，可以通过劳动保障监察、劳动争议仲裁、向人民法院起诉等途径，依法维护自身合法权益。

　　（5）劳动者应该坚决要求用人单位签订劳动合同。

　　（6）用人单位不能以招用"临时工"为借口，侵害劳动者的权益。

　　（7）非法用工主体招用的职工也享有劳动保障权益。

第二章　通用安全生产基础知识

第一节　安全色、安全标志及安全标签

一、安全色和对比色

1. 安全色

安全色(参照 GB 2893)是传递安全信息含义的颜色,包括红、黄、蓝、绿四种颜色。正确使用安全色,可以使人员能够对威胁安全和健康的物体和环境尽快作出反应,迅速发现或分辨安全标志,及时得到提醒,以防止事故、危害发生。

红色传递禁止、停止、危险或提示消防设备、设施的信息。应用包括:各种禁止标志(参照 GB 2894);交通禁令标志(参照 GB 5768);消防标志(参照 GB 13495);机械的停止按钮、刹车及停车装置的操纵手柄;机械设备转动部件的裸露部位;仪表刻度盘上极限位置的刻度;各种危险信号器等。

黄色传递注意、警告的信息。应用包括:各种警告标志(参照 GB 2894);道路交通标志和标线中警告标志(参照 GB 5768);警告信号旗等。

蓝色传递必须遵守规定的指令性信息。应用包括:各种指令标志(参照 GB 2894);道路交通标志和标线中指示标志(参照 GB 5768)。

绿色传递安全的提示性信息。应用包括:各种提示标志(参照 GB 2894);机器启动按钮;安全信号旗;急救站、疏散通道、避险处、应急避难场所等。

2. 对比色

对比色是指能使安全色更加醒目的反衬色,包括黑、白两种颜色。安全色与对比色同时使用时,应注意按照表 2-1 搭配使用。

表 2-1　安全色与相应对比色

安全色	对比色
红色	白色
黄色	黑色
蓝色	白色
绿色	白色

黑色用于安全标志的文字、图形符号和警告标志的几何边框。

白色用于安全标志中红、蓝、绿的背景色,也可以用于安全标志的文字和图形符号。安全色与对比色的相间条纹为等宽条纹,倾斜约 45°。

红色与白色相间条纹,表示禁止或提示消防设备、设施位置的安全标记。主要应用:交通运输等方面所使用的防护栏杆及隔离墩;液化石油气汽车槽车的条纹;固定禁止标志的标志杆上色带,如图 2-1 所示。

黄色与黑色相间条纹,表示危险位置的安全标记。主要应用:各种机械在工作或移动时容易碰撞的部位,如移动式起重机的外伸腿、起重臂端部、起重吊钩和配重;剪板机的压紧装置;冲床的滑块等有暂时或永久性危险的场所或设备;固定警告标志的标志杆的色带,如图 2-1 所示。设备所涂条纹的倾斜方向应以中心线为轴线对称,如图 2-2 所示;两个相对运动(剪切或挤压)棱边上条纹的倾斜方向应相反,如图 2-3 所示。

蓝色与白色相间条纹,表示指令的安全标记,传递必须遵守规定的信息。主要应用:道路交通的指示性导向标志,如图 2-4 所示;固定指令标志的标志杆上的色带,如图 2-1 所示。

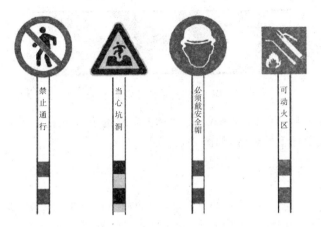

图 2-1 安全标志杆上的色带

图 2-2 以设备中心为轴线对称的相间条纹示意图

图 2-3 相对运动棱边上条纹的倾斜方向示意图

图 2-4 指示性导向标志

绿色与白色相间条纹,表示安全环境的安全标记。主要应用:固定提示杆上的色带,如图 2-1 所示。

二、安全标志

安全标志是用以表达安全信息的标志,由图形符号、安全色、几何形状(边框)或文字构成。《安全标志》(GB 2894)将安全标志分为禁止标志、警告标志、指令标志、提示标志四大类。

1. 禁止标志

禁止标志是禁止人们不安全行为的图形标志。其几何图形为带斜杠的圆环,背景为白色,斜杠和圆环为红色,图形符号为黑色。禁止标志如下所示。

禁止启动　禁止合闸　禁止转动

禁止叉车和厂内机动车辆通行　禁止乘人　禁止靠近

禁止入内　禁止推动　禁止停留

禁止通行　禁止跨越　禁止攀登

禁止跳下　禁止伸出窗外　禁止倚靠

2. 警告标志

警告标志是提醒人们对周围环境引起注意,以避免可能发生危险的图形标志。其几何图形是正三角形,图形背景为黄色,三角形边框及图形符号均为黑色。警告标志如下所示。

3. 指令标志

指令标志是强制人们必须做出某种动作或采用防范措施的图形标志。其几何图形是圆形,背景色是蓝色,图形符号是白色。指令标志如下所示。

4. 提示标志

提示标志是向人们提供某种信息（如标明安全设施或场所等）的图形标志。其几何图形是长方形，底色为绿色，图形符号及文字为白色。提示标志如下所示。

● **相关链接**

安全标志的设置应遵守以下原则：

(1)安全标志应设置在与安全有关的明显地方,并保证人们有足够的时间注意其所表示的内容。

(2)设立于某一特定位置的安全标志应被牢固地安装,保证其自身不会产生危险,所有的标志均应具有坚实的结构。

(3)当安全标志被置于墙壁或其他现存的结构上时,背景色应与标志上的主色形成对比色。

(4)对于那些所显示的信息已经无用的安全标志,应立即由设置处撤除,这对于警示特殊的临时性危险的标志尤其重要,否则会导致观察者对其他有用标志的忽视与干扰。

三、化学品的安全标签

化学品安全标签是指用于表示化学品所具有的危险性和安全注意事项的一组文字、象形图和编码组合,可粘贴、拴挂或喷印在化学品的外包装或容器上。

1. 化学品安全标签

《危险化学品安全标签编写规定》(GB 15258)规定了危险化学品内容、制作和使用要求(产品安全标签另有规定的,如农药、气瓶等,按其标准执行),如图 2-5 所示,具体规定如下:

化学品名称　A组分:40%;B组分:60%

危　险

极易燃液体和蒸气,食入致死,对水生生物毒性非常大

【预防措施】
· 远离热源、火花、明火、热表面。使用不产生火花的工具作业。
· 保持容器密闭。
· 采取防止静电措施,容器和接收设备接地、连接。
· 使用防爆电器、通风、照明及其他设备。
· 戴防护手套、防护眼镜、防护面罩。
· 操作后彻底清洗身体接触部位。
· 作业场所不得进食、饮水或吸烟。
· 禁止排入环境。
【事故响应】
· 如皮肤(或头发)接触:立即脱掉所有被污染的衣服。用水冲洗皮肤、淋浴。
· 食入:催吐,立即就医。
· 收集泄漏物。
· 火灾时,使用干粉、泡沫、二氧化碳灭火。
【安全储存】
· 在阴凉、通风良好处储存。
· 上锁保管。
【废弃处置】
· 本品或其容器采用焚烧法处置。

请参阅化学品安全技术说明书

供应商:×××××××××××××××××　电话:×××××
地　址:×××××××××××××××××　邮编:×××××

化学事故应急咨询电话:×××××××

图 2-5　化学品安全标签示例

(1)化学品标识。用中文和英文分别标明化学品的化学品名称或通用名称。名称要求醒目清晰,位于标签的上方。名称应与化学品安全技术说明书中的名称一致。

(2)象形图。采用 GB 20576—GB 20599、GB 20601、GB 20602规定的象形图。

(3)信号词。根据化学品的危险程度和类别,分别用"危险"、"警告"两个词进行危险程度的警示。信号词位于化学品名称下方,要求醒目、清晰。根据 GB 20576—GB 20599、GB 20601、GB 20602,选择不同类别危险化学品的信号词。

(4)危险性说明。简要概述化学品的危险特性。位于信号词下方。根据 GB 20576—GB 20599、GB 20601、GB 20602,选择不同类别危险化学品的危险性说明。

(5)防范说明。表述化学品在处置、搬运、储存和使用作业中所必须注意的事项和发生意外时简单有效的救护措施等,要求内容简明扼要、重点突出。应包括安全预防措施、意外情况(如泄漏、人员接触或火灾等)的处理、安全储存措施及废弃处置等内容。

(6)供应商标识。包括供应商名称、地址、邮编和电话等。

(7)应急咨询电话。填写化学品生产商或生产商委托的 24 小时化学事故应急咨询电话。国外进口化学品安全标签上至少有一家中国境内的 24 小时化学事故应急咨询电话。

(8)资料参阅提示语。提示化学品用户应参阅化学品安全技术说明书。

(9)危险信息先后排序。当某种化学品具有两种及两种以上的危险性时,安全标签的象形图、信号词、危险性说明的先后顺序应按照有关规定执行。

2. 简化安全标签

对于小于或等于 100 毫升的化学品小包装,为方便标签使用,安全标签可以简化,包括化学品标识、信号词、危险性说明、应急咨询电话、供应商名称及联系电话、资料参阅提示语即可,见图 2-6。

图 2-6　简化的化学品安全标签

相关链接

化学品安全标签使用注意事项:安全标签的粘贴、挂挂或喷印应牢固,保证在运输、储存期间不脱落、不损坏;安全标签应由生产企业在货物出厂前粘贴、挂挂或喷印。若要改换包装,则由改换包装单位重新粘贴、挂挂或喷印标签;盛装危险化学品的容器或包装,在经过处理并确认其危险性完全消除之后,方可撕下安全标签,否则不能撕下相应的标签。

四、工作场所职业病危害警示标识

1. 工作场所职业病危害警示标识

根据《职业病防治法》和《使用有毒物品作业场所劳动保护条例》等法律法规规定,在产生严重职业病危害的作业岗位,应当在其醒目位置,设置警示标识和中文警示说明。

工作场所职业危害警示标识也分为禁止标识、警告标识、指令标识和提示标识。

2. 有毒物品作业岗位职业病危害告知卡

简称告知卡,是设置在使用高毒物品作业岗位醒目位置上的一种警示,它以简洁的图形和文字,将作业岗位上所接触到的有毒物品的危害性告知劳动者,并提醒劳动者采取相应的预防和处理措施。告知卡包括有毒物品的通用提示栏、有毒物品名称、健康危害、警告标识、指令标识、应急处理和理化特性等内容。如图 2-7 的苯告知卡所示。

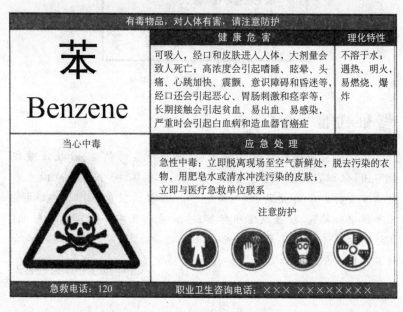

有毒物品,对人体有害,请注意防护		
苯 **Benzene**	**健康危害**	**理化特性**
	可吸入,经口和皮肤进入人体,大剂量会致人死亡;高浓度会引起嗜睡、眩晕、头痛、心跳加快、震颤、意识障碍和昏迷等;经口还会引起恶心、胃肠刺激和痉挛等;长期接触会引起贫血、易出血、易感染、严重时会引起白血病和造血器官癌症	不溶于水;遇热、明火,易燃烧、爆炸
当心中毒	**应急处理**	
	急性中毒:立即脱离现场至空气新鲜处,脱去污染的衣物,用肥皂水或清水冲洗污染的皮肤;立即与医疗急救单位联系	
	注意防护	
急救电话:120	职业卫生咨询电话:××× ××××××××	

图 2-7 苯的危害告知卡

🔘 **相关链接 1**

《职业病防治法》第二十四条规定:产生职业病危害的用人单位,应当在醒目位置设置公告栏,公布有关职业病防治的规章制度、操作规程、职业病危害事故应急救援措施和工作场所职业病危害因素检测结果。

对产生严重职业病危害的作业岗位,应当在其醒目位置,设置警示标识和中文警示说明。警示说明应当载明产生职业病危害的种类、后果、预防以及应急救治措施等内容。

相关链接2

《企业安全生产风险公告六条规定》(安监总局令第70号):

(1)必须在企业醒目位置设置公告栏,在存在安全生产风险的岗位设置告知卡,分别标明本企业、本岗位主要危险危害因素、后果、事故预防及应急措施、报告电话等内容。

(2)必须在重大危险源、存在严重职业病危害的场所设置明显标志,标明风险内容、危险程度、安全距离、防控办法、应急措施等内容。

(3)必须在有重大事故隐患和较大危险的场所和设施设备上设置明显标志,标明治理责任、期限及应急措施。

(4)必须在工作岗位标明安全操作要点。

(5)必须及时向员工公开安全生产行政处罚决定、执行情况和整改结果。

(6)必须及时更新安全生产风险公告内容,建立档案。

第二节　安全培训

一、安全培训的必要性

党中央、国务院历来高度重视安全培训工作,《国务院关于进一步加强企业安全生产工作的通知》(国发〔2010〕23号)和《国务院关于坚持科学发展安全发展促进安全生产形势持续稳定好转的意见》(国发〔2011〕40号)、《国务院安委会关于进一步加强安全培训工作的决定》(安委〔2012〕10号)等都对安全培训工作提出明确的要求。

2012年1月19日,国家安全生产监督管理总局修订并以国家安监总局令第44号的形式颁布了《安全生产培训管理办法》，该办法对安全培训机构、安全培训、安全培训的考核、安全培训的发证等做出了具体规定。2015年7月1日实施的《国家安全监管总局关于废止和修改劳动防护用品和安全培训等领域十部规章的决定》（国家安监总局令第80号）对《安全生产培训管理办法》、《生产经营单位安全培训规定》的部分条款作了修改。

《人民日报》2014年4月29日刊发了以国家安全生产监督管理总局的名义撰写的《提高全民安全素质　严防安全事故发生》一文，文中强调，培训不到位是重大安全隐患，要以全面落实持证上岗和先培训后上岗制度为核心，坚持依法培训、科学施教、从严考试、严厉追责的原则，深入加强安全培训责任体系、教学体系、考试体系、执法体系和信息管理体系建设，深入实施全覆盖、多手段、高质量的安全培训，全面提高从业人员安全素质，努力减少"三违"行为，促进全国安全生产形势根本好转。

近年来，特别是"十二五"以来，在党中央、国务院的高度重视下，通过各地区、各有关部门和单位的共同努力，安全培训工作取得了新的进展和成效。《安全生产法》等20余部法规对安全培训作出规定，总局出台了100多部部门规章、规范性文件、培训大纲和考核标准，实施了全员培训、持证上岗、从业人员准入、培训机构准入、教考分离、经费保障、责任追究七项法律制度。

国务院安委会要求：强化安全培训责任追究，明确提出实行更加严格的"三个一律"。一是对存在应持证未持证或者未经培训就上岗的人员，一律先离岗，培训持证后再上岗，并依法对企业按规定上限处罚，直至停产整顿和关闭。二是对存在不按大纲教学、不按题库考试、教考不分、乱办班等行为的安全培训和考试机构，一律依法严肃处罚。三是对各类生产安全责任事故，一律倒查培训、考试、发证不到位的责任。对因未培训、假培训或者未持证上岗人员的直接责任引发重特大事故的，所在企业主要负责人依法终身不得担任本行业企业矿长（厂长、经理），实际控制人依法承担相应责任。

二、从业人员的安全培训

生产经营单位其他从业人员是指除主要负责人、安全生产管理人员和特种作业人员以外，该单位从事生产经营活动的所有人员，包括其他负责人、其他管理人员、技术人员和各岗位的工人以及临时聘用的人员。

1. 三级安全教育

三级安全教育是指厂（矿）、车间（工段、区、队）、班组的安全教育。加工、制造业等生产单位的其他从业人员，在上岗前必须经过厂（矿）、车间（工段、区、队）、班组三级安全培训教育。生产经营单位可以根据工作性质对其他从业人员进行安全培训，保证其具备本岗位安全操作、应急处置等知识和技能。

厂（矿）级岗前安全培训内容应当包括：①本单位安全生产情况及安全生产基本知识；②本单位安全生产规章制度和劳动纪律；③从业人员安全生产权利和义务；④有关事故案例等。煤矿、非煤矿山、危险化学品、烟花爆竹等生产经营单位厂（矿）级安全培训除包括上述内容外，应当增加事故应急救援、事故应急预案演练及防范措施等内容。

车间（工段、区、队）级岗前安全培训内容应当包括：工作环境及危险因素；所从事工种可能遭受的职业伤害和伤亡事故；所从事工种的安全职责、操作技能及强制性标准；自救互救、急救方法、疏散和现场紧急情况的处理；安全设备设施、个人防护用品的使用和维护；本车间（工段、区、队）安全生产状况及规章制度；预防事故和职业危害的措施及应注意的安全事项；有关事故案例；其他需要培训的内容。

班组级岗前安全培训内容应当包括：岗位安全操作规程；岗位之间工作衔接配合的安全与职业卫生事项；有关事故案例；其他需要培训的内容。

生产经营单位新上岗的从业人员，岗前培训时间不得少于 24 学时。煤矿、非煤矿山、危险化学品、烟花爆竹等生产经营单位新上岗的从业人员安全培训时间不得少于 72 学时，每年接受再培训的时间不得少于 20 学时。

生产经营单位要确立终身教育的观念和全员培训的目标，对在岗的从业人员应进行经常性安全生产教育培训。经常性安全生产教育培训内容主要是：安全生产新知识、新技术；安全生产法律法规；作业场所和工作岗位存在的危险因素、防范措施及事故应急措施；事故案例等。

2. 转岗、离岗人员及"四新"安全教育培训

从业人员在本生产经营单位内调整工作岗位或离岗一年以上重新上岗时，应当重新接受车间（工段、区、队）和班组级的安全培训。

生产经营单位实施新工艺、新技术或者使用新设备、新材料时，应当对有关从业人员重新进行有针对性的安全培训。

3. 外来（实习、培训、参观）人员安全培训教育

外来（实习、培训）人员由本单位安全生产管理部门组织对其进行三级安全教育，经考试合格后，方可开始实习；部门的安全教育，在哪个部门实习，由哪个部门负责；班组安全教育，由实习人员所在班组负责；三级安全教育的内容，按照本企业安全教育管理标准执行。

外来参观人员的安全教育由具体接待部门负责。安全教育的主要内容是：进入生产现场有关的安全管理标准、制度；本单位陪同参观的人员负责对外来参观人员的安全管理。接待部门必须保证外来培训、参观人员做到下述要求：所有外来人员都必须自觉遵守安全生产工作规定和本单位的各项规章制度；所有外来人员在参观、实习、工作期间，必须服从本单位有关人员的安全监督；所有外

来人员不得擅自动用现场设备；所有外来人员必须接受本单位安全生产管理部门管理，并对提出的问题立即整改。

三、特种作业人员的安全培训

特种作业，是指容易发生事故，对操作者本人、他人的安全健康及设备、设施的安全可能造成重大危害的作业。特种作业人员，是指直接从事特种作业的从业人员。特种作业范围共包括 11 个作业类别、51 个工种。11 个作业类别分别为电工作业、焊接与热切割作业、高处作业、制冷与空调作业、煤矿安全作业、金属非金属矿山安全作业、危险化学品安全作业、石油天然气安全、冶金（有色）生产安全、烟花爆竹安全、安全监管总局认定的其他作业等。

特种作业人员必须经专门的安全技术培训并考核合格，取得《中华人民共和国特种作业操作证》（以下简称特种作业操作证）后，方可上岗作业。特种作业人员的安全技术培训、考核、发证、复审工作实行统一监管、分级实施、教考分离的原则。

特种作业人员应当接受与其所从事的特种作业相应的安全技术理论培训和实际操作培训。已经取得职业高中、技工学校及中专以上学历的毕业生从事与其所学专业相应的特种作业，持学历证明经考核发证机关同意，可以免予相关专业的培训。跨省、自治区、直辖市从业的特种作业人员，可以在户籍所在地或者从业所在地参加培训。特种作业操作证有效期为 6 年，在全国范围内有效。特种作业操作证由安全监管总局统一式样、标准及编号。

特种作业操作证每 3 年复审 1 次。特种作业人员在特种作业操作证有效期内，连续从事本工种 10 年以上，严格遵守有关安全生产法律法规的，经原考核发证机关或者从业所在地考核发证机关同意，特种作业操作证的复审时间可以延长至每 6 年 1 次。特种作业操作证申请复审或者延期复审前，特种作业人员应当参加必要的安全培训并考试合格。安全培训时间不少于 8 个学时,主要培训法律、法规、标准、事故案例和有关新工艺、新技术、新装备等知识。

● **事故案例**

2013 年 6 月 3 日 6 时 10 分许,位于吉林省长春市德惠市的吉林宝源丰禽业有限公司主厂房发生特别重大火灾爆炸事故,共造成 121 人死亡、76 人受伤,17234 平方米主厂房及主厂房内的生产设备被损毁,直接经济损失 1.82 亿元。

根据调查报告,这起事故造成重大人员伤亡的主要原因是起火后,火势从起火部位迅速蔓延,易燃材料大面积燃烧,产生高温有毒烟气,同时伴有泄漏的氨气等毒害物质;主厂房内逃生通道复杂,且有安全出口被锁闭;主厂房内没有报警装置,部分人员对火灾知情晚,一些人丧失了最佳逃生时机;事发企业未对员工进行安全培训,员工缺乏逃生自救互救知识。

第三节　劳动防护用品

一、劳动防护用品的概念

劳动防护用品是指由用人单位为从业人员配备的,使其在劳动过程中免遭或者减轻事故伤害及职业危害的个人防护装备。

二、劳动防护用品的选择

2015 年 12 月 29 日国家安全监管总局办公厅印发了《用人单位劳动防护用品管理规范》的通知,将劳动防护用品分为 10 大类:

(1)防御物理、化学和生物危险、有害因素对头部伤害的头部防护用品。

（2）防御缺氧空气和空气污染物进入呼吸道的呼吸防护用品。

（3）防御物理和化学危险、有害因素对眼面部伤害的眼面部防护用品。

（4）防噪声危害及防水、防寒等的听力防护用品。

（5）防御物理、化学和生物危险、有害因素对手部伤害的手部防护用品。

（6）防御物理和化学危险、有害因素对足部伤害的足部防护用品。

（7）防御物理、化学和生物危险、有害因素对躯干伤害的躯干防护用品。

（8）防御物理、化学和生物危险、有害因素损伤皮肤或引起皮肤疾病的护肤用品。

（9）防止高处作业劳动者坠落或者高处落物伤害的坠落防护用品。

（10）其他防御危险、有害因素的劳动防护用品。

用人单位应按照识别、评价、选择的程序，结合劳动者作业方式和工作条件，并考虑其个人特点及劳动强度，选择防护功能和效果适用的劳动防护用品。

同一工作地点存在不同种类的危险、有害因素的，应当为劳动者同时提供防御各类危害的劳动防护用品。需要同时配备的劳动防护用品，还应考虑其可兼容性。

劳动者在不同地点工作，并接触不同的危险、有害因素，或接触不同的危害程度的有害因素的，为其选配的劳动防护用品应满足不同工作地点的防护需求。

劳动防护用品的选择还应当考虑其佩戴的合适性和基本舒适性，根据个人特点和需求选择适合号型、式样。

用人单位应当在可能发生急性职业损伤的有毒、有害工作场所配备应急劳动防护用品,放置于现场临近位置并有醒目标识。

三、劳动防护用品的管理工作

1. 劳动防护用品的配备和发放

用人单位应当根据劳动者工作场所中存在的危险、有害因素种类及危害程度、劳动环境条件、劳动防护用品有效使用时间制定适合本单位的劳动防护用品配备标准。用人单位应当安排专项经费用于配备劳动防护用品,不得以货币或者其他物品替代,要为劳动者购买和提供符合国家标准或者行业标准的合格产品,发放时并作好登记。

用人单位使用的劳务派遣工、接纳的实习学生应当纳入本单位人员统一管理,并配备相应的劳动防护用品。对处于作业地点的其他外来人员,必须按照与进行作业的劳动者相同的标准,正确佩戴和使用劳动防护用品。

2. 劳动防护用品培训和维护

用人单位应当对劳动者进行劳动防护用品的使用、维护等专业知识的培训;督促劳动者在使用劳动防护用品前,对劳动防护用品进行检查,确保外观完好、部件齐全、功能正常;定期对劳动防护用品的使用情况进行检查,确保劳动者正确使用。

用人单位应当确保已采购劳动防护用品的存储条件,按照要求妥善保存,并保证其在有效期内。公用的劳动防护用品应当由车间或班组统一保管,定期维护。用人单位应当对应急劳动防护用品进行经常性的维护、检修,定期检测劳动防护用品的性能和效果,保证其完好有效。对工作过程中损坏的,用人单位应及时更换。安全帽、呼吸器、绝缘手套等安全性能要求高、易损耗的劳动防护用品,应当按照有效防护功能最低指标和有效使用期,到期强制报废。

四、劳动防护用品的正确使用

1. 头部防护用品

头部防护用品是用于防御头部免受外来物体打击和其他因素危害而配备的个人防护用品，包括安全帽、防尘帽、防寒帽等九类产品，其中安全帽是最为广泛使用的头部防护用品。

使用安全帽的注意事项：

（1）进入施工现场，必须戴好安全帽，在工地内严禁摘掉安全帽、抛掷安全帽，或把安全帽用作支撑物。

（2）安全帽必须有合格的帽衬、帽带，戴帽必须系好帽带。

（3）帽内缓冲衬垫的带子要结实，人的头顶与帽内顶部的间隔不能小于 32 毫米。

（4）不能把安全帽当坐垫用，以防变形，降低防护作用。

（5）每次使用前必须检查安全帽，发现安全帽有龟裂、下凹和磨损等情况，要立即更换。

2. 呼吸器官防护用品

呼吸器官防护用品是用于防御有害物质从呼吸道进入人体，或直接向使用者供氧或新鲜空气，以保证在尘、毒污染或缺氧环境中作业人员能正常呼吸的防护用品。按防护功能可分为两类：一类是过滤式呼吸保护器，它可去除污染而使空气净化，如防尘口罩、防毒面具等；另一类是供气式呼吸保护器，它可向佩戴者提供洁净空气，如压缩空气呼吸器等。

3. 眼（面部）防护用品

眼（面部）防护用品是用于预防烟、尘、金属火花及飞屑、热辐射、电磁辐射、化学品飞溅等伤害眼睛或面部的防护用品。根据防护功能，大致可分为防尘、防水、防强光等九类。目前我国生产和使用较为普遍的有三种：

（1）焊接护目镜和面罩，其作用是防止非电离辐射、金属火花和烟尘等危害。

（2）炉窑护目镜，其作用是预防炉、窑口辐射出的红外线和少量可见光、紫外线对眼睛的危害。

（3）防冲击眼护具，其作用是防护铁屑、灰砂、碎石等外来物对眼睛的冲击伤害。

眼睛为人体比较容易受到伤害的部位，很小的颗粒掉进眼里也可能导致严重的后果，所以在危险范围内严禁摘下护眼装备。在进行以下工作时，必须戴上合适的眼罩或面罩：

（1）机动砂轮进行研磨及切割，或者打磨砂轮；

（2）有色金属及铸铁的内外车削，但精密车削除外；

（3）焊接及切割；

（4）使用激光的任何工作；

（5）任何有可能导致微粒飞射而使眼睛受伤的工作。

4. 听觉器官防护用品

听觉器官防护用品是用于预防噪声对人体的不良影响的防护用品。主要有三类：第一类是置于耳道内的耳塞，使用时要特别注意耳塞的清洁及耳塞与使用者耳道的匹配问题；第二类是置于外耳外的耳罩，使用时要顺着耳形戴好，并注意检查罩壳有无裂纹和漏气现象；第三类是覆盖于头部的防噪声头盔，一般有软式（如航空帽）和硬式两种。

5. 手部防护用品

通常称为劳动防护手套，具有保护手和手臂的作用。按照防护功能分为一般防护手套、防酸碱手套、防寒手套、绝缘手套、防高温手套等 12 类。

不同质地的手套用在不同的工作场合：

（1）厚帆布手套多用于高温、重体力劳动，如炼钢、铸造等工种。

（2）薄帆布、纱线、分指手套主要用于检修工、起重机司机和配电工等工种。

（3）翻毛皮革长手套主要用于焊接工种。

（4）橡胶或涂橡胶手套主要用于电气、铸造等工种。

（5）绝缘手套主要用于可能触电的工种。

在不适合以手直接接触机械、机具、物料、液体的情况下，以及可能导致手部受伤的情况下必须戴合适的手套。

戴手套时要考虑到舒适、灵活的要求和防高温或防高寒的需求，及可能用其抓起的物件的种类等的需要。

戴各种手套时，注意不要让手腕裸露出来，以防在作业时焊接火星或其他有害物溅入袖内造成伤害；手套要跟手型相符合，防止手套过长而被卷入机器；操作各类机床或在有被夹挤危险的地方作业时，严禁戴手套。

6. 足部防护用品

通常称为劳动防护鞋，是用于防止生产过程中有害物质或外逸能量损伤劳动者足部的防护用品。按照功能分为防水鞋、防寒鞋、防静电鞋、防酸碱鞋、电绝缘鞋等 13 类。

所有防护鞋都要满足以下要求：

（1）防护鞋外底必须具有防滑块。

（2）鞋后跟应具有适宜的高度。

（3）鞋后跟具有缓冲性，能瞬间吸收能量。

（4）鞋帮高度合适，要耐磨且透湿性能好。

工作时，尤其是在高空作业时不可以穿拖鞋、高跟鞋，要根据工作场所的特点穿合适的劳动防护鞋。

（1）橡胶鞋有绝缘保护作用，主要用于电力、水力清砂、露天作业等岗位。

（2）球鞋有绝缘、防滑保护作用，主要用于检修、起重机司机、电气等工种。

（3）防滑靴能防止操作人员滑跌，主要用于油库、退火炉等岗位。

（4）护趾安全鞋能保护脚趾在物体砸落时不受伤害，主要用于铸造、炼钢等工种。

7. 躯干防护用品

躯干防护用品即防护服,按照防护功能分为普通防护服、防水服、防寒服、阻燃服、防电磁辐射服等 14 类。防护服的主要功效是有效保护劳动者免受劳动环境中的物理、化学和生物等因素的危害。

不同质地的防护服用在不同的工作场合:

(1)白帆布防护服能使人体免受高温的烘烤,并有耐燃烧的特点,主要用于冶炼、浇铸和焊接等工种。

(2)劳动布防护服对人体起一般屏蔽保护作用,主要用于非高温、重体力作业的工种,如检修、起重和电气等工种。

(3)涤卡布防护服能对人体起一般屏蔽防护作用,主要用于后勤和职能人员等岗位。

8. 护肤用品

护肤用品用于防止皮肤外露部分(主要是面、手)受到化学、物理等因素(如酸碱溶液、漆类、紫外线、微生物等)的侵害。护肤用品一般是在整个劳动过程中使用,上岗时涂抹,下班后清洗,可起一定隔离保护作用。按照防护功能,分为防晒、防放射线、防油、防酸、防碱等类。

9. 防坠落及其他防护用品

防坠落用品是用于防止作业人员从高处坠落的防护用品,主要有安全带和安全网两种。

(1)在基准面 2 米以上(含 2 米)作业必须系安全带。

(2)安全带必须高挂低用,即安全带必须直接系于工作点上方的系定点,牵索必须尽量缩短。要做到先挂牢后作业。

(3)要经常检查安全带缝制部分和挂钩部分,发现断裂或磨损,要及时修理或更换,如果保护套丢失,要加上后再用。

(4)建议使用背套式安全带,因为背套式安全带可减轻坠下时腰部所承受的冲力从而减轻伤势。

(5)任何人都不得随意拆毁安全网,也不得随意向网上乱抛杂物或随意撕毁网片。

务工人员一是要必须知道自己所从事的工作岗位需要相配套的劳动防护用品,在没有得到有效保护时可以向用人单位提出要求,解决不了还可提请劳动争议仲裁机关解决;二是要了解劳动防护用品的使用方法,正确佩戴和使用劳动防护用品,这才能起到防护作用。

严禁故意或无故除去劳动防护用品,以免危害自己或他人的安全。所有配备劳动防护用品的人员,必须确保劳动防护用品状况良好,如有损坏,应立即向管理人员报告,以便及时更换。

事故案例 1

2010 年 11 月 12 日 11 时,某热电公司煤码头上的 2 号吊机在装卸煤作业时,绕在吊机上的 3 股钢丝绳断了一股。12 时,某公司现场负责人张某通知高某、陈某、冯某三人下午上班前先更换钢丝绳。12时 40 分,冯某和高某先到码头,将吊机的吊臂头放在地面上,利用旧钢丝绳接新钢丝绳从吊臂头滑轮进行更换,更换过程中有一段一尺长的钢丝绳头卡在距地面 5 米高的钢丝绳卷筒内。12 时 50 分,高某未系安全带爬上吊机准备顺下这根钢丝绳头,张某看到后只是口头提醒了一下就去开 1 号传送带。高某站在钢丝绳卷筒边宽约 35 厘米的横梁上,横梁周围无防护栏。1 号吊机的吊机工接了根 1 米长的铁撬杆给高某,高某用双手拿着撬杆捣钢丝头,钢丝头滑动带动高某顺惯性向前俯仰,致其头朝下摔到地面。后高某抢救无效死亡。

高某未系安全带且在无任何防护设施的距地面 5 米高的横梁上作业,作业时不慎从高处坠落是这起事故的直接原因。

事故案例 2

2011 年 9 月的一天,广东清远市的阿雄(化名)承包了一项在 8

楼楼顶加建铁棚的工程,他在阿丽(化名)经营的五金商行买了一条粗约 2~3 厘米的安全带。当天下午,阿雄系好安全带后开始作业。没过几分钟,系在他身上的安全带突然断裂,阿雄摔倒在地上,因伤势过重身亡。

事后经工商部门调查,阿雄在阿丽处购买的安全带无生产厂家、生产日期、规格型号等标识,也没有产品质量检验合格证,阿丽在进货时未检查上述事项,事后亦无法查明该安全带的生产者及供货商。后来法院判决阿丽赔偿死者家属各项损失 14 万余元。

第四节　机械设备伤害的预防

在现代社会的许多行业中都要使用机械设备,务工人员如果不具备基本的机械安全知识,在接触或使用机械设备时往往会发生机械伤害事故。

一、机械伤害事故

机械设备造成的伤害事故,一般有以下几种。

(1)机械设备零部件做旋转、直线运动时造成的伤害,主要是绞伤、物体打击伤、压伤、砸伤、挤伤。

(2)刀具造成的伤害。刀具除了可能直接造成上述伤害外,还应注意避免刀具在生产中产生的切屑所造成的伤害。如:

①烫伤。刚切下来的切屑温度很高,可达 600~700℃,容易造成烫伤。

②刺、割伤。各种金属切屑都有锋利的边缘,容易造成刺伤或割伤,飞起的切屑也可能伤害眼睛。

(3)被加工零件固定不牢,甩出机床或者落下打伤人。

(4)手用工具使用不当造成的伤害。

(5)有些静止设备或机械的运动部件表面有尖角、锐边、利棱等,人撞到机械设备上或者运动的机械设备撞人都会造成伤害。

二、机械安全要求

机械安全有两层意思,一是指机械设备本身应符合安全要求,二是指机械设备的操作者在操作时应符合安全要求。

1. 机械设备的基本安全要求

(1)机械设备的布局要合理,应便于操作人员装卸工件、加工观察和清除杂物,同时也应便于维修人员的检查和维修。

(2)机械设备零部件的强度、刚度应符合安全要求,安装应牢固。

(3)机械设备必须有合理、可靠、不影响操作的安全装置。

(4)机械设备的供电线必须安全可靠,不得有任何破损或裸露的地方;电机绝缘应良好,接线板应有防护盖板;开关、按钮等应完好无损,带电部分不得裸露在外;应有良好的接地或接零装置,连接的导线要牢固;局部照明灯应使用 36 伏的电压,禁止使用 110 伏或者 220 伏的电压。

(5)重要的手柄应有可靠的定位及锁紧装置,同轴手柄应有明显的长短差别;手轮在机动时应能与转轴脱开;脚踏开关应有防护罩或藏入床身的凹入部分内。

(6)作业现场的照度要适宜,湿度与温度要适中,噪声和振动要小,零件、工夹具等要摆放整齐。

(7)每台机械设备应根据其性能、操作顺序等制订安全操作规程和检查、润滑、维护等制度。

2. 机械设备操作的基本安全守则

(1)操作人员应按规定穿戴好个人防护用品。

(2)操作前应对机械设备进行安全检查,先空车运转,确认正常后,再投入运行。

(3)机械设备严禁带故障运行。

(4)机械设备的安全装置必须按规定安装使用,不准随意将其拆掉。

(5)机械设备使用的刀具、工夹具以及加工的零件等要装卡牢固,不得松动。

(6)机械设备在运行中要按规定进行安全检查。

(7)机械设备在运转时,严禁用手对其进行调整,也不得用手测量零件或进行润滑、清扫杂物等。

(8)机械设备运转时,操作者不得离开工作岗位。

(9)工作结束后,应关闭开关,把刀具和工件从工作位置退出,并清理好工作场地,将零件、工夹具等摆放整齐,保持机械设备的良好状况和周围工作环境的清洁整齐。

🌑 事故案例

2002年2月27日,在上海某基础公司总承包、某建设分承包公司分包的轨道交通某车站工程工地上,分承包单位进行桩基旋喷加固施工。上午5时30分左右,1号桩机(井架式旋喷桩机)机操工王某,辅助工冯某、孙某三人在C8号旋喷桩桩基施工时,辅助工孙某发现桩机框架上部6米处油管接头漏油,在未停机的情况下,由地面爬至框架上部去排除油管漏油故障。由于雨天湿滑,孙某爬上机架后不慎身体滑落框架内挡,被正在提升的内压铁挤压受伤,事故发生后,地面施工人员立即爬上桩架将孙某救下,并送往医院急救,经抢救无效孙某于当日7时死亡。

事故直接原因:辅助工孙某在未停机的状态下,擅自爬上机架排除油管漏油故障,因雨天湿滑,身体滑落井架式桩机框架内挡,被正在提升的动力头压铁挤压致死。孙某违章操作,是造成本次事故的直接原因。

间接原因:①机操工王某,作为C8号旋喷桩机的机长,未能及时发现异常情况并采取相应措施。②总承包单位对分承包单位日常安全监控不力,安全教育深度不够,并且对分承包单位施工超时作业未及时制止,对分承包队伍现场监督管理存在薄弱环节。

主要原因:分承包项目部对现场安全管理落实不力,对职工安全教育不力,安全交底和安全操作规程未落实到实处;施工人员工作时间长(24小时分两班工作)造成施工人员身心疲惫、反应迟缓,是造成本次事故的主要原因。

事故预防及控制措施:

(1)工程施工必须建立各级安全管理责任,施工现场各级管理人员和从业人员都应按照各自职责严格执行规章制度,杜绝违章作业的情况发生。

(2)施工现场的安全教育和安全技术交底不能仅仅放在口头上,而应落到实处,要让每个施工从业人员都知道施工现场的安全生产纪律和各自工种的安全操作规程。

(3)现场管理人员必须强化现场的安全检查力度,加强对施工危险源作业的监控,完善有关的安全防护设施。

(4)施工现场应合理组织劳动,根据现场实际工作量的情况配置和安排充足的人力和物力,保证施工的正常进行。

(5)施工作业人员也应进一步提高自我防范意识,明确自己的岗位和职责,不能擅自操作自己不熟悉或与自己工种无关的设备设施。

第五节　电气事故伤害的预防

电在造福人类的同时,也带来潜在的危险。如果安装、使用或操作不当,就会毁坏设备,引发火灾,甚至造成人身伤亡事故。因此,务工人员必须掌握电气安全的基本知识。

一、电气伤害事故

电气伤害事故大致可分为以下几种:

(1)电流伤害事故(触电):触电分为电击和电伤。电击的伤害包括呼吸困难、心脏麻痹,严重者会死亡;电伤的伤害包括灼伤皮肤、电烙印、皮肤金属化三种。

(2)电磁场伤害事故:电磁场伤害事故是人体在电磁场能量辐射作用下受到的伤害。高频电磁场会严重伤害人体,引起中枢神经系统功能失调,主要表现为神经衰弱症候群,如头痛、头晕、乏力、睡眠失调、记忆力减退等。高频电磁场还会影响心血管系统的正常工作。

(3)雷电事故、静电事故和电路故障事故:雷击可能毁坏建筑设施,伤及人、畜,造成火灾和爆炸;静电可能引起现场爆炸性混合物发生爆炸;电路故障可能引起火灾或因电路故障停电造成的其他事故。

二、安全用电基本知识

(1)不要随便乱动车间内的电气设备,如果设备、工具的电气部分出了故障,应请电工修理,不得擅自修理,更不得带故障运行。

(2)任何电气设备在未验明是否带电之前,不要盲目触及;对挂着的"禁止合闸"、"有人操作"的标牌,非有关人员不得移动。

(3)要严格遵守安全操作规程进行电气作业,遇到不清楚或不懂的事情,切不可盲目乱动。

(4)在操作闸刀开关、磁力开关时,必须将盖盖好。

(5)使用手电钻、电砂轮等电动工具时应注意:

①要由电工接好电源,安装上漏电保护器,工具的金属外壳应同时进行防护性接地或接零。

②使用单相的手用电动工具,其导线、插销、插座必须符合单相三眼的要求;使用三相的手用电动工具,其导线、插销、插座必须符合三相四眼的要求。严禁将导线直接插入插座内使用。

③操作时应戴好绝缘手套,穿好绝缘鞋,并站在绝缘板上。

④不得将工件等重物压在导线上,防止轧断导线,发生触电。

(6)使用的行灯要有良好的绝缘手柄和金属护罩。灯泡的金属灯口不得外露,引线要采用有护套的双芯软线,并装有"T"型插头,防止插入高电压的插座。行灯的电压,在一般场所,不得超过 36 伏;在特别危险的场所,如锅炉、金属容器内、潮湿的地沟处等,其电压不得超过 12 伏。

(7)一般禁止使用临时线,必须使用时,应经过机动部门和技安部门批准。临时线应按有关安全规定安装好,不得随便乱拉乱拽,还应按规定时间拆除。

(8)进行容易产生静电火灾、爆炸事故的操作时(如使用汽油洗涤零件、擦拭金属板材等)必须有良好的接地装置,及时导除聚积的静电。

(9)作业完毕要把电闸拉下,锁好电闸箱。电闸箱内不许放置任何物件、工具。

(10)经常接触和使用的配电箱、配电板、闸刀开关、按钮开关、插座、插销以及导线等,必须保持完好、安全,不得有破损或使带电部分裸露。

(11)电气设备的外壳应按有关安全规程进行防护性接地或接零。对接地或接零的设施要经常检查,保证连接牢固,接地或接零的导线不得有任何断开的地方。

(12)移动某些非固定安装的电气设备,如电风扇、照明灯、电焊机等,必须先切断电源再移动,导线要收拾好,不得在地面上拖来拖去,以免磨损。导线被物体压轧时,不要硬拉,防止将导线拉断。

(13)在搬扛较长的金属物体如钢筋、钢管等材料时,不要碰触到电线,特别是高压输电线路。

(14)在雷雨天不要走近高压电杆、铁塔、避雷针,远离至少 20 米以外。当遇到高压电线断落时,周围 20 米内禁止人员入内。如果已在 20 米以内,要单足或并足跳离危险区,防止跨步电压造成触电事故。

(15)未经电气作业专业培训的人员不得随便拉接电线、动用电气设备。

(16)发生电气火灾时,应立即切断电源,用黄沙、二氧化碳、四氯化碳等灭火器材灭火，切不可用水或泡沫灭火器灭火，因为它们有导电的危险。救火时应注意自己身体的任何部位及灭火器具不得与电线、电器设备接触，以防危险。

（17）打扫卫生、擦拭设备时，严禁用水冲洗或用湿布擦拭电气设施，以防发生短路和触电事故。

（18）建筑行业用电，必须按照《施工现场临时用电的安全技术规范》(JGJ 46)执行。

● 事故案例

2010 年 11 月 15 日，上海市静安区胶州路 728 号公寓大楼发生特别重大火灾事故，造成 58 人死亡，71 人受伤，直接经济损失 1.58 亿元。

国务院事故调查组查明，该起特别重大火灾事故是一起因企业违规造成的责任事故。事故的直接原因：在胶州路 728 号公寓大楼节能综合改造项目施工过程中，施工人员在 10 层电梯前室北窗外进行电焊违规作业，电焊溅落的金属熔融物引燃下方 9 层位于脚手架防护平台上堆积的聚氨酯保温材料碎块、碎屑引发火灾。

第六节　火灾爆炸事故伤害的预防

火灾与爆炸事故往往会造成重大人员伤亡和经济损失，其危害非常巨大，所以有必要掌握基本的防火防爆安全知识，以减少或避免其所带来的危害。火灾是指在时间和空间上失去控制的燃烧所造成的灾害。在各种灾害中，火灾是最经常、最普遍的威胁公众安全和社会发展的主要灾害之一。

一、燃烧的条件

燃烧必须同时具备以下三个条件：①有可燃物质。不论固体、液体或气体,凡是能与空气中的氧或其他氧化剂发生剧烈反应的物质,均可称为可燃物质。如碳、氢、硫、钾、木材、纸张、汽油、酒精、乙炔、丙酮、苯等。②有氧化剂,即通常所说的助燃物质。如空气、氧气、氯气、氯酸钾以及高锰酸钾等。③有点火源,即能引起可燃物质燃烧的能源。如明火焰、烟火头、电(气)焊火花、炽热物体、自燃发热物等。所以只要使以上三个条件中任何一个条件不具备,就可以预防火灾事故发生。发生事故以后,如果已经采取了限制火灾发展的措施,火灾便会得到控制,人员伤亡和经济损失就会减少。

二、火灾分类

火灾根据可燃物的类型和燃烧特性,分为 A、B、C、D、E、F六类。

A 类火灾:指固体物质火灾。这种物质通常具有有机物质性质,一般在燃烧时能产生灼热的余烬。如木材、煤、棉、毛、麻、纸张等火灾。

B 类火灾:指液体或可熔化的固体物质火灾。如煤油、柴油、汽油、甲醇、乙醇、沥青、石蜡等火灾。

C 类火灾:指气体火灾。如煤气、天然气、甲烷、乙烷、丙烷、氢气等火灾。

D 类火灾:指金属火灾。如钾、钠、镁、铝镁合金等火灾。

E 类火灾:带电火灾。物体带电燃烧的火灾。

F 类火灾:烹饪器具内的烹饪物(如动植物油脂)火灾。

了解火灾分类有助于发生火灾时,根据不同的火灾类型选取不同的灭火方法和灭火器材。

三、火灾发展的阶段

一般火灾事故的发展过程可分为四个阶段,即初期阶段、发展阶段、猛烈阶段和衰灭阶段。

（1）初期阶段：指物质在起火后的十几秒里，可燃物质在着火源的作用下析出或分解出可燃气体，发生冒烟、阴燃等火灾苗头，燃烧面积不大，用较少的人力和应急的灭火器材就能将火控制住或扑灭。

（2）发展阶段：在这个阶段，火苗蹿起，燃烧面积扩大，燃烧速度加快，需要投入较多的力量和灭火器才能将火扑灭。

（3）猛烈阶段：在这个阶段，火焰包围所有可燃物质，使燃烧面积达到最大限度。此时，温度急剧上升，气流加剧，并放出强大的辐射热，是火灾最难扑救的阶段。

（4）衰灭阶段：在这个阶段，可燃物质逐渐烧完或灭火措施奏效，火势逐渐衰落，终止熄灭。

从火势发展的过程来看，初期阶段易于控制和消灭，所以要千方百计抓住这个有利时机，扑灭初期火灾。如果错过了初期阶段再去扑救，就会付出很大的代价，造成严重后果。

四、灭火方法

一切灭火措施，都是为了破坏已经产生的燃烧条件或使燃烧反应的游离基消失。根据物质燃烧原理和实践经验，现行的灭火基本方法有四种：冷却法、窒息法、隔离法、抑制法。

（1）冷却法：对一般可燃物来说，能够持续燃烧的条件之一就是它们在火焰或热的作用下达到了各自的着火温度。因此，对一般可燃物火灾，将可燃物冷却到其燃点或闪点以下，燃烧反应就会中止。水的灭火机理主要是冷却作用。火场上，除用冷却法直接灭火外，还经常用水冷却尚未燃烧的可燃物质，防止其达到燃点而着火；还可用水冷却建筑构件、生产装置或容器等，以防止其受热变形或爆炸。

（2）窒息法：各种可燃物的燃烧都必须在其最低氧气浓度以上进行，否则燃烧不能持续进行。因此，通过降低燃烧物周围的氧气浓度可以起到灭火的作用。通常使用的二氧化碳、氮气、水蒸气等的灭火机理主要是窒息作用。运用窒息法扑救火灾时，可采用石棉被、湿麻袋、湿棉被、沙土、泡沫等不燃或难燃材料覆盖燃烧或封闭孔洞。

（3）隔离法：就是将火源处或其周围的可燃物质隔离或移开，燃烧会因缺少可燃物而停止。火灾中，关闭有关阀门，切断流向着火区的可燃气体和液体的通道；打开有关阀门，使已经发生燃烧的容器或受到火势威胁的容器中的液体可燃物通过管道导至安全区域，都是隔离灭火的措施。

（4）抑制法：就是使用灭火剂与链式反应的中间体自由基反应，从而使燃烧的链式反应中断使燃烧不能持续进行。干粉灭火剂的主要灭火机理就是化学抑制作用。但需注意：在扑救 A 类火灾时，如采取干粉灭火剂灭火之后，还应配合冷却降温措施，以防复燃。

在火场上，往往同时采用几种灭火法，以充分发挥各种灭火方法的效能，才能迅速有效地扑灭火灾。

五、灭火器的正确使用

1. 水基型（水雾）灭火器

扑救范围：A、B、C、E、F 类火灾，即除可燃金属起火外全部可以扑救，并可绝缘 36 千伏电，是扑救电器火灾的最佳选择。

扑救原理：属物理灭火机理。药剂可在可燃物表面形成并扩展一层薄水膜，使可燃物与空气隔离，实现灭火。经雾化喷嘴，喷射出细水雾，漫布火场并蒸发热量，迅速降低火场温度，同时降低燃烧区空气中氧的浓度，防止复燃。抗复燃性好，是干粉灭火器无可比拟的一大优点。

除了灭火之外，水雾型灭火器还可以用于火场自救。在起火时，将水雾灭火器中的药剂喷在身上，并涂抹于头上，可以使自己在普通火灾中完全免除火焰伤害，在高温火场中最大限度地减轻烧伤。

手提式水雾灭火器不同于传统灭火器，有红、黄、绿三色可以选择。手提式水雾灭火器的瓶身顶端与底端还有纳米高分子材料，可在夜间发光，以便在晚上起火时第一时间找到灭火器。

使用方法:发生火灾时,手提灭火器奔赴现场,在上风距燃烧物3米处,拔掉保险销,左手紧握喷射管喷头处,右手下握灭火器头部件上的压把,对准燃烧物喷射灭火剂灭火。灭电器设备火灾时,灭火距离应大于1米,灭火后清理现场时,必须先切断电源。严禁将灭火器倒置使用。

2. 干粉灭火器

扑救范围:碳酸氢钠干粉灭火器(BC干粉灭火器)适用于易燃、可燃液体、气体及带电设备的初起火灾;磷酸铵盐干粉灭火器(ABC干粉灭火器)除可用于上述几类火灾外,还可扑救固体类物质的初起火灾。但一般的干粉灭火器也不能扑救D类火灾,即金属燃烧的火灾(可燃金属如钾、镁、钛、铝合金等)。D类火灾的灭火器应由设计部门和当地公安消防机构协商解决。目前国外扑救D类火灾,主要有粉状石墨灭火器和灭金属火灾的专用干粉灭火器。在我国尚未定型生产这类灭火器和灭火剂的情况下,可采用干砂或铸铁来代替。

扑救原理:干粉灭火器是利用二氧化碳气体或氮气气体做动力,将筒内的干粉喷出灭火的。干粉是一种干燥的、易于流动的微细固体粉末,由能灭火的基料和防潮剂、流动促进剂、结块防止剂等添加剂组成。主要用于扑救石油、有机溶剂等易燃液体、可燃气体和电气设备的初起火灾。

使用方法:灭火时,可手提或肩扛灭火器快速奔赴起火地点,在距燃烧处5米左右放下灭火器。如在室外,应选择在上风方向喷射。使用的干粉灭火器若是外挂式储压式的,操作者应一只手紧握喷枪,另一只手提起储气瓶上的开启提环。如果储气瓶的开启是手轮式的,则向逆时针方向旋开,并旋到最高位置,随即提起灭火器。当干粉喷出后,迅速对准火焰的根部扫射。使用的干粉灭火器若是内置式储气瓶的或者是储压式的,操作者应先将开启把上的保险销拔下,然后握住喷射软管前端喷嘴部,另一只手将开启压把压下,打开灭火器进行灭火。有喷射软管的灭火器或储压式灭火器在使用时,一手应始终压下压把,不能放开,否则会中断喷射。

干粉灭火器扑救可燃、易燃液体火灾时,应对准火焰根部扫射,如果被扑救的液体火灾呈流淌燃烧时,应对准火焰根部由近而远,并左右扫射,直至把火焰全部扑灭。如果可燃液体在容器内燃烧,使用者应对准火焰根部左右晃动扫射,使喷射出的干粉流覆盖整个容器开口表面;当火焰被赶出容器时,使用者仍应继续喷射,直至将火焰全部扑灭。在扑救容器内可燃液体火灾时,应注意不能将喷嘴直接对准液面喷射,防止喷流的冲击力使可燃液体溅出而扩大火势,造成灭火困难。如果可燃液体在金属容器中燃烧时间过长,容器的壁温已高于扑救可燃液体的自燃点,此时极易造成灭火后再复燃的现象,若与泡沫类灭火器联用,则灭火效果更佳。

使用磷酸铵盐干粉灭火器(ABC 干粉灭火器)扑救固体可燃物火灾时,应对准燃烧最猛烈处喷射,并上下、左右扫射。如条件许可,使用者可提着灭火器沿着燃烧物的四周边走边喷,使干粉灭火剂均匀地喷在燃烧物的表面,直至将火焰全部扑灭。

3. 二氧化碳灭火器

扑救范围:具有流动性好、喷射率高、不腐蚀容器和不易变质等优良性能,用来扑灭图书、档案、贵重设备、精密仪器、600 伏以下电气设备及油类的初起火灾。适用于扑救一般 B 类火灾,如油制品、油脂等火灾,也可适用于 A 类火灾,但不能扑救 B 类火灾中的水溶性可燃、易燃液体的火灾,如醇、酯、醚、酮等物质火灾,也不能扑救带电设备及 C 类和 D 类火灾。

扑救原理:干冰即固体二氧化碳,升华时吸收大量热,起剧烈降温作用,产生的二氧化碳气体起隔离空气作用。

使用方法:在使用时,应首先将灭火器提到起火地点,放下灭火器,拔出保险销,一只手握住喇叭筒根部的手柄,另一只手紧握启闭阀的压把。对没有喷射软管的二氧化碳灭火器,应把喇叭筒往上扳70°～90°。使用时,不能直接用手抓住喇叭筒外壁或金属连接管,以防止手被冻伤。在使用二氧化碳灭火器时,在室外使用的,应选择上风方向喷射;在室内窄小空间使用的,灭火后操作者应迅速离开,以防窒息。

4. 泡沫灭火器

扑救范围:适用于扑救一般 B 类火灾,如油制品、油脂等火灾,也可适用于 A 类火灾,但不能扑救 B 类火灾中的水溶性可燃、易燃液体的火灾,如醇、酯、醚、酮等物质火灾,也不能扑救带电设备及 C 类和 D 类火灾。

扑救原理:此类灭火器是通过筒体内酸性溶液与碱性溶液混合发生化学反应,将生成的泡沫压出喷嘴,它们能黏附在可燃物上,使可燃物与空气隔绝,破坏燃烧条件,达到灭火的目的。

使用方法:可手提筒体上部的提环,迅速奔赴起火地点。这时应注意不得使灭火器过分倾斜,更不可横拿或颠倒,以免两种药剂混合而提前喷出。当距离着火点 10 米左右,即可将筒体颠倒过来,一只手紧握提环,另一只手扶住筒体的底圈,将射流对准燃烧物。在扑救可燃液体火灾时,如已呈流淌状燃烧,则将泡沫由近及远喷射,使泡沫完全覆盖在燃烧液面上;如在容器内燃烧,应将泡沫射向容器的内壁,使泡沫沿着内壁流淌,逐步覆盖着火液面。切忌直接对准液面喷射,以免由于射流的冲击,反而将燃烧的液体冲散或冲出容器,扩大燃烧范围。在扑救固体物质火灾时,应将射流对准燃烧最猛烈处。灭火时随着有效喷射距离的缩短,使用者应逐渐向燃烧区靠近,并始终将泡沫喷在燃烧物上,直到扑灭。使用时,灭火器应始终保持倒置状态,否则会中断喷射。

六、火场逃生

1. 火灾报警

除了发生火灾可以拨打 119 外,各种危险化学品泄漏事故的救援,水灾、风灾、地震等重大自然灾害的抢险救灾,空难及重大事故的抢险救援,建筑物倒塌事故的抢险救援,恐怖袭击等突发性事件的应急救援,单位和群众遇险求助时的救援救助等均可拨打。

拨打 119 时,必须准确报出失火方位。如果不知道失火地点名称,也应尽可能说清楚周围明显的标志,如建筑物等。报警时尽量讲清楚起火部位、着火物资、火势大小、是否有人被困等情况。应在消防车到达现场前设法扑灭初起火灾,以免火势扩大蔓延。扑救时需注意自身安全,一旦发现火情失去控制,应立刻撤退。

2. 火场逃生自救

(1)早逃生。在一般情况下,火势由初起到狂烧,只需十几分钟,留给人们的逃生时间非常短暂。因此,在发生火灾时,一定不要埋头抢救财产而导致悲剧的发生,而是要快速逃离。

(2)要保护呼吸系统。在逃生时用水蘸湿毛巾、衣服、布类等物品,用其掩住口鼻,以避免烟雾熏人导致昏迷或者中毒和被热空气灼伤呼吸系统软组织窒息致死的危险。如果烟雾较浓,人员可膝、肘着地,匍匐前进。

(3)要从通道疏散。如疏散楼梯、消防电梯、室外疏散楼梯等。也可考虑利用窗户、阳台、屋顶、避雷线、落水管等脱险。

(4)要利用绳索滑行。用结实的绳子或将窗帘、床单被褥等撕成条,拧成绳,用水沾湿后将其拴在牢固的管道、窗框、床架上,被困人员逐个顺绳索滑到下一楼层或地面。

(5)低层跳离,适用于二层楼。跳前先向地面扔一些棉被、枕头、床垫、大衣等柔软的物品,以便"软着陆",然后用手扒住窗户,身体下垂,自然下滑,以缩短跳落高度。但千万要记住莫跳高楼,因为从 10 米以上(三层楼高)的高度往下跳,很少能活命。为此,最要紧的是求救,应该立即用水蘸湿床单、被褥,用其塞紧门窗,防止烟雾渗透进来,同时要不断地向床单、被褥上泼水,防止其干燥。

(6)要借助器材。通常使用的有缓降器、救生袋、网、气垫、软梯、滑竿、滑台、导向绳、救生舷梯等。

（7）暂时避难。在无路逃生的情况下,可利用卫生间等暂时避难。避难时要用水喷淋迎火门窗,把房间内一切可燃物淋湿,延长时间。在暂时避难期间,要主动与外界联系,以便尽早获救。

（8）利用标志引导脱险。在公共场所的墙上、顶棚上、门上、转弯处都设置"太平门"、"紧急出口"、"安全通道"、"火警电话"和逃生方向箭头等标志,被困人员按标志指示方向顺序逃离,可解"燃眉之急"。

（9）要提倡利人利己。遇到不顾他人死活的行为和前拥后挤现象,要坚决制止。只有有序地迅速疏散,才能最大限度地减少伤亡。

七、企业内火灾预防基本知识

在任何情况下都要保持出口和通道畅通,不能在出口附近和通道内堆放物品;出口不能在工作时间上锁,防火门平时要处于关闭状态;生产场所应急照明灯、指示灯平常应处于充电状态,不能关闭电源。

在有爆炸、火灾危险的工作场所(如有汽油、水、油漆等易燃易爆物品的场所),应杜绝明火,千万不要使用打火机等物品。如果确实需要动火,比如进行焊接作业等,要事先经过审批,制定安全防范措施,在现场进行有效监护,确认无火灾爆炸危险后方可施工。

电气设备和线路的安装、检修等工作必须由专业人员进行,严禁插座超负荷使用,电源闸刀里的保险丝不能用铜丝或铁丝等代替。

灭火器、火灾探测器、消防栓、火灾喷淋系统、消防应急灯、消防桶、消防锹、消防斧等消防器材不能挪作其他用处,比如拿消防桶洗衣服等行为;在消防器材附近不能放置杂物,以免被遮挡或在紧急情况下无法及时取用。

八、宿舍(家庭)火灾预防基本知识

宿舍(家庭)防火关键是要养成良好的生活习惯,比如不要在楼梯堆放杂物,堵塞通道;不要躺在床上吸烟;外出或临睡前要检查炉火是否熄灭,煤气阀门是否关闭;发现煤气泄漏要先关闭阀门,开窗通风,不能开电灯等电器,不能在室内使用移动电话或固定电话报警,否则哪怕是小小的电火花都会引爆煤气;检查煤气泄漏点不能点明火,要用肥皂水检查;在燃气热水器周围不能放置可燃物品,直排式热水器不能装在浴室内;不要随意乱接电线;使用电熨斗、电吹风、电热杯、电取暖器等电热器具时,人不能离开;不要用灯管或灯泡取暖、烘干衣物,以免发生火灾。

九、防爆基础知识

1. 爆炸的定义和分类

从广义上讲,爆炸是物质系统的一种极为迅速的物理的或化学的能量释放或转化过程,是系统蕴藏的或瞬间形成的大量能量在有限的体积和极短的时间内,骤然释放或转化的现象。在这种释放和转化的过程中,系统的能量将转化为机械能以及光和热的辐射等。

按能量来源爆炸分为:物理爆炸、化学爆炸、核爆炸;按反应相态爆炸分为:气相爆炸、液相爆炸、固相爆炸。常见的物理爆炸如锅炉或压力容器爆炸;化学爆炸如乙炔爆炸、煤矿瓦斯爆炸、化工厂爆炸等。

爆炸的破坏作用包括震荡作用、冲击波、碎片冲击和火灾等。

2. 常见爆炸事故类型

常见爆炸事故类型:①气体分解爆炸;②粉尘爆炸;③危险性混合物的爆炸;④蒸气爆炸;⑤雾滴爆炸;⑥爆炸性化合物的爆炸。

以粉尘爆炸为例:生产过程中产生的粉尘,特别是一些有机物加工中产生的粉尘,在某些特定条件下会发生爆炸燃烧事故:①可燃性粉尘以适当的浓度在空气中悬浮,形成人们常说的粉尘云;②有充足的空气和氧化剂;③有火源或者强烈振动与摩擦。易爆粉尘只要满足条件①和条件②,就意味着具备了可能发生事故的危险。

以下七类物质的粉尘具有爆炸性:金属、煤炭、粮食(如淀粉)、饲料、农副产品(如烟草)、林产品(如纸粉、木粉)、合成材料(如塑料)等。

粉尘爆炸的特点:

(1)多次爆炸是粉尘爆炸的最大特点;

(2)粉尘爆炸所需的最小点火能量较高,一般在几十毫焦耳以上;

(3)与可燃性气体爆炸相比,粉尘爆炸压力上升较缓慢,较高压力持续时间长,释放的能量大,破坏力强。粉尘的燃烧速度比气体的要小,由于其燃烧时间长且产生的能量大,所以造成的破坏及烧毁的程度严重得多。这是因为粉尘中的碳、氢含量高,即可燃物含量多。

(4)粉尘燃烧要经过加热熔融、离解、蒸发等复杂过程,粉尘从接触火源到发生爆炸所需的时间即感应期要比气体爆炸长,达数十秒。

(5)粉尘爆炸能引起建筑物其他部位的粉尘再次爆炸。而且第二次爆炸压力比第一次爆炸压力大,破坏性更严重。

粉尘爆炸的危害:

(1)具有极强的破坏性。粉尘爆炸涉及的范围很广,在煤炭、化工、医药加工、木材加工、粮食和饲料加工等部门都时有发生。

(2)容易产生二次爆炸。第一次爆炸气浪把沉积在设备或地面上的粉尘吹扬起来,在爆炸后短时间内爆炸中心区会形成负压,周围的新鲜空气便由外向内填补进来,形成的"返回风",与扬起的粉尘混合,在第一次爆炸的余火引燃下引起第二次爆炸。二次爆炸时,粉尘浓度一般比一次爆炸时高得多,故二次爆炸威力比第一次要大得多。

(3)能产生有毒气体。一种是一氧化碳;另一种是爆炸物(如塑料)自身分解的毒性气体。

粉尘爆炸的预防:①防止粉尘沉积,及时清理粉尘;②加强管理,消除粉尘爆炸的点火源;③避免设备中粉尘爆炸。

3. 预防火灾与爆炸事故的基本措施

预防事故发生,限制灾害范围,消灭火灾,撤至安全地点是防火防爆的基本原则。根据火灾、爆炸的原因,一般可以从以下两个方面加以预防。

(1)火源的控制与消除

引起火灾的着火源一般有6个方面:①明火;②摩擦与冲击;③热射线;④高温表面;⑤电器火花;⑥静电火花等。严格控制这些火源的使用范围,对于防火防爆是十分必要的。

(2)爆炸预防

爆炸造成的后果大多非常严重,作为普通员工要做好防爆工作,关键是要遵章守规(如煤矿井下作业人员下井不得携带火种),不属于自己工作岗位的设备设施、物品千万不可乱动,否则有可能造成无法估计的严重后果。现场作业人员必须按规定佩戴使用防尘劳保用品上岗,为防止人体皮肤与衣服之间、衣服与衣服之间摩擦产生静电,粉尘爆炸危险作业场所员工禁止穿化纤类易产生静电的工装,需要穿防静电工装。

相关链接

《严防企业粉尘爆炸五条规定》(安监总局令第68号):

(1)必须确保作业场所符合标准规范要求,严禁设置在违规多层房、安全间距不达标厂房和居民区内。

(2)必须按标准规范设计、安装、使用和维护通风除尘系统,每班按规定检测和规范清理粉尘,在除尘系统停运期间和粉尘超标时严禁作业,并停产撤人。

(3)必须按规范使用防爆电气设备,落实防雷、防静电等措施,保证设备设施接地,严禁作业场所存在各类明火和违规使用作业工具。

(4)必须配备铝镁等金属粉尘生产、收集、储存的防水防潮设施,严禁粉尘遇湿自燃。

(5)必须严格执行安全操作规程和劳动防护制度,严禁员工培训不合格和不按规定佩戴使用防尘、防静电等劳保用品上岗。

第七节　起重伤害的预防

在很多作业场所经常需要使用各种起重机械进行起重吊装工作,如不具备基本安全知识,或在操作时稍有疏忽,极易发生事故。

一、起重事故类型

(1)坠落事故:在起重作业中,人或吊载、吊具等重物从空中坠落造成的人身伤亡和设备毁坏事故。

(2)挤伤事故:在起重作业中,作业人员被挤压在两个物体之间,造成的挤伤、压伤、击伤等人身伤亡事故。

(3)触电事故:从事起重作业或其他作业的人员,因违章操作或其他原因遭受的电气伤害事故。

(4)机毁事故:起重机机体因失去整体稳定性而发生倾翻,造成起重机机体严重损坏和人员伤亡的事故。

(5)其他事故:包括误操作事故、起重机之间的相互碰撞事故、安全装置失效事故、野蛮操作事故、突发事故、偶然事故等。

二、起重事故常见原因

1. 操作因素

(1)指挥不当,动作不协调。

(2)操作时违反技术操作规程和安全技术规程,如超载起重,或人处于危险区工作等。

(3)起吊方式不当,造成脱钩或起重物摆动。

(4)对起重机及其辅助设备的使用状况缺乏认真检查。

2. 设备因素

(1)起重设备质量不好,强度不够。

(2)吊具失效,如吊钩、抓斗、钢丝绳、网具等损坏而造成重物坠落。

(3)起重设备的操纵系统失灵或安全装置失效。

(4)没有防护装置或防护装置损坏,没有保险装置和连锁装置或者装置失灵。

(5)过道、扶梯、驾驶室或着陆台安装不合理。

(6)电器损坏而造成触电事故。

(7)塔式起重机的倾倒,其原因是塔身的倾覆力矩超过其稳定力矩。

(8)桥式起重机出轨事故,其原因多数为啃轨现象造成紧固件松动。

三、起重机械的安全运行

1. 起重机械的安全

(1)为了保证起重机的安全运行,根据国家标准《起重机械安全规程》(GB 6067)的规定,起重机械必须设有安全装置:如起重量限制器、行程限制器、过卷扬限制器、电气防护性接零装置、端部止挡、缓冲器、连锁装置、夹轨钳、信号装置等。

(2)严格检验和维修起重机机件,如钢丝绳、链条、吊钩、吊环和滚筒等,不能用的机件要及时更换。

(3)建立和健全维护保养、定期检验、交接班制度和安全操作规程。每台起重机都要详细记载规格、性能等有关技术资料,记载历次大修、中修情况,记录起重机的重要性能变化和重大事故的情况,以备考查。

(4)使用的设备必须接地可靠,绝缘良好。使用缆风绳应不少于三根,并不准在电线杆、机电设备和管道支架等处系结。

(5)工件必须捆绑牢固,经调试确认无问题后,方可起吊。

(6)使用起重扒杆定位要正确。封底要牢靠,不允许在受力后产生扭、弯、沉、斜等危险现象。

(7)起重机运行时,禁止人员上下,也不能在运行中检修;禁止从一台桥式起重机跨越到另一台桥式起重机上去,上下吊车要走专用梯子。

(8)使用悬臂起重机、桅杆起重机、汽车起重机、履带起重机时,起重机悬臂能够伸到的区域内不准站人;使用电磁起重机,应当划定工作区域,在此区域内,不能有人。

(9)起重机吊运时,应走吊运通道,不能从人身上方越过;在吊运的物品上也不能站人,更不能对挂着的物品进行加工。起吊的物品不能在空中长时间停留,如有特殊情况需要停留时,在起吊物品下面要禁止一切人员站立或通过。

(10)卷扬机和滑轮前及牵引钢丝绳旁不准站人。

2. 起重作业人员(包括起重机司机、起重司索作业人员和起重指挥作业人员)基本安全要求

(1)起重作业人员须经有资格的培训单位培训并考试合格,持证上岗。

(2)正确穿戴防护用品。

(3)起重机司机注意事项:

①起重机驾驶人员接班时,应对制动器、吊钩、钢丝绳和安全装置进行检查,发现问题,应在操作前排除。

②开车前,必须鸣铃或报警。操作中接近人时,应给予断续铃声或报警。

③按指挥信号操作。对紧急停车信号,不论何人发出,都应立即执行。

④确认起重机上无人时,才可以闭合主电源。如电源断路装置上加锁或有标牌时,应由有关人员确认并摘除后,才可闭合主电源。

⑤闭合主电源前,应使所有控制器手柄置于零位。

⑥工作中突然断电时,应将所有的控制器手柄扳回零位;在重新工作前,应检查起重机动作是否正常。

⑦在轨道上露天作业的起重机,当工作结束时,应将起重机锚定住;当风力大于 6 级时,一般应停止工作,并将起重机锚定住。对于门式起重机等在沿海工作的起重机,当风力大于 7 级时,应停止工作,并将起重机锚定住。

⑧司机进行维护保养时,应切断主电源,并挂上标志牌或加锁。如有未消除的故障,应通知接班的司机。

(4)起重司索指挥人员安全要求如下:

①指挥信号明确,并符合标准规定。现场作业必须确定一人指挥,指挥信号要正确。

②指挥物体翻转时,应使其重心平稳变化,不应产生意图之外的动作。

③起重司索人员应熟悉相应作业的起重机械(如桥吊、汽车吊、起重叉车等)的使用性能,严禁超负荷作业。

④吊挂时,吊挂绳之间的夹角宜小于 120°,以免吊挂绳受力过大。

⑤绳、链所经过的棱角处应加衬垫。

⑥进入悬吊重物下方时,应先与司机联系并设置支撑装置。

⑦多人绑挂时应由一人负责指挥。

⑧起重物件就位固定前,起重司索人员不得离开工作岗位。

⑨不准在索具受力或吊物悬空的情况下中断工作。

● 事故案例

事故发生经过:

2013年12月14日上午,河南省新乡市矿山起重机有限公司施工队按租赁万通公司安全传递卡审批的检修工作计划,准备对该公司炼钢厂2#100吨天车主钩钢丝绳进行更换。9时左右,河南省新乡市矿山起重机有限公司维修队长贾某安排其施工人员王某、高某,顺钢梯爬上距地表22.5米高的天车跨安全通道上等候实施维修工作。二人南北直线距离5米左右,高某站在北侧,位于厂房天车跨第四根立柱南侧6米位置。天车端梁与厂房立柱的间距为0.155米。9时30分左右,2#天车停在2#转炉平台北侧废钢区上方准备进行检修,贾某发现天车所停位置不合适,于是指挥2#天车由南向北方向移动,2#天车司机陈某(租赁万通公司炼钢厂天车司机)按贾某的指挥鸣铃后开动天车向车间北侧移动。此时,高某已从天车跨安全通道第5.25米处1.2米高的防护栏杆上向正在移动的2#天车攀爬。王某看见后立即大呼快停车,但为时已晚,高某被移动中的天车挤压过厂房天车跨立柱后,掉落在该立柱北侧0.795米处的二层天车跨安全通道上。事故发生前,现场只有贾某、王某、高某、天车司机陈某,地面整理钢丝绳施工人员艾某、付某,共计6人,租赁万通公司无其他管理和监护人员在现场。

事故救援过程:

事故发生后,现场当班人员立即组织救援,并拨打120急救电话,为争取抢救时间,贾某用自己的伊兰特轿车将高某送到迁西县人民医院进行抢救。10时40分左右,高某经抢救无效死亡。

事故直接原因:

高某违章作业,在尚未做好安全确认的情况下,擅自攀爬移动中的 2[#] 天车,导致其被天车挤压过厂房立柱并经抢救无效死亡。

事故间接原因:

(1)河南省新乡市矿山起重机有限公司安全管理不到位。未严格落实检修作业工作票中的安全确认及各项安全措施,贾某在无天车指挥作业证的情况下,未能确认维修人员具体在什么位置,违章指挥 2[#] 天车由南向北移动;现场维修人员王某没有起到安全互保作用,未能及时发现和有效制止高某的违章行为。

(2)河南省新乡市矿山起重机有限公司教育培训不到位。未严格按照制定的培训计划组织和实施教育培训工作,导致维修作业工人缺乏安全意识。

(3)租赁万通公司炼钢厂安全管理制度不健全。公司安全管理制度未明确外委施工单位进入各车间施工作业时手续的审批流程。

(4)租赁万通公司炼钢厂安全管理不到位。天车司机开车前违反"天车工联络确认制"中的"三看",即动车前认真看望天车上、看望轨道上、看望地面上是否有人或障碍物;现场安全管理和监护人员未到现场履行职责。

事故性质:

这是一起因违章操作、安全生产管理不到位而引发的生产安全责任事故。

第八节 企业内运输事故的预防

一、企业内机动车辆驾驶事故伤害的预防

对于只允许行驶于厂矿企业内的各类车辆,称为企业内机动车辆,常见有汽车、叉车、装载机、推土机、挖掘机、轧路机、平铺机等。企业内机动车辆驾驶人员必须经过专业培训、考核,取得合法资格后方可驾驶。

企业内机动车辆虽然只是在厂院内进行运输,但如果对安全驾驶和行车安全的重要性认识不足,思想麻痹,违章驾驶,运输作业环境差,以及管理不善,车辆带病运行等,就会造成车辆伤害事故。根据国家有关部门对全国工矿企业伤亡事故统计表明,死亡事故最多的是企业内运输事故,由于企业内机动车辆造成的各种重伤、死亡等重大事故,几乎占到整个伤亡事故的30%左右。

1. 厂区直路事故预防

机动车在直路上行驶,由于视线和道路条件好,驾驶员思想容易麻痹,行车速度较快,不利于安全行车。厂区道路比较狭窄,视线不良,人车混行,如驾驶员思想麻痹,车速过快,观察不周,措施不当,极容易发生碰撞事故。在厂区直路上行驶应采取以下防范措施:

(1)驾驶员应做到精力集中,认真观察路面上车辆、行人动态,做到提前准确判断。

(2)车辆行驶时应注意保持足够的行车间距。

(3)车辆行驶时应根据气候、道路情况、车速等保持适当的安全横向间距。

(4)严格遵守厂区内车辆行驶速度的规定。

(5)保证厂区道路畅通,安全标志、信号完好。

(6)车辆行驶必须保持技术状况良好,严禁带"病"行驶。

2. 企业内交叉路口行车事故预防

厂区道路地形复杂,交叉路口较多,车辆通过时,由于受厂房、货垛等其他设施的影响,会使驾驶员视线受阻,又由于交叉路口所形成的冲突点和交织点,更使安全情况复杂化,如驾驶员不认真遵守路口行车的有关规定,极易发生事故。

企业内交叉路口行车事故原因很复杂,应采取以下预防措施:

(1)车辆进入交叉路口前要提前减速,车速不准超过每小时15千米。路面窄、盲区大时,车速还应降低。

（2）驾驶员应注意观察视线内车辆、行人动态，安全通过交叉路口，要突出一个"慢"字，严禁一个"抢"字。

（3）车辆转弯时，应提前打开转向指示灯，右转弯要缓慢，左转弯应注意避让其他车辆，谨慎驾驶。

（4）车辆转弯时应保持左右两侧有足够的横向间距。

3. 企业内倒车事故的预防

企业内运输距离短，往返频率高，增加了车辆起步、停车、倒车的次数，再由于厂区视线不良、环境复杂、观察不便，很容易导致事故。

为预防倒车事故，驾驶员必须做到如下几点：

（1）厂区道路、环境情况复杂，倒车前必须选择好倒车路线与地点。

（2）倒车前应认真观察周围情况，确认安全后鸣笛起步缓慢后倒。

（3）在厂房、料库、仓库、窄路及视线不良地段倒车时，须有专人指挥。

（4）车辆在企业内平交路上，桥梁、陡坡等危险地段不准倒车。

（5）保持车辆状况良好，防止倒车起步时车辆突然窜出。

4. 叉车装卸事故的预防

企业内机动车辆装载事故以叉车发生为多，主要表现在装载不稳、超载、货物坠落伤人等。

为防止装卸事故，应注意以下几点：

（1）要严格遵守有关装卸的规定和操作规程。

（2）叉载的物品不能超过额定起重量。重量不清应试叉，不许冒险蛮干。

（3）禁止两车共叉一物。特殊情况除制定完善的保证措施外，应进行空车模拟操作，待两车动作协调后方准作业。

（4）叉车作业升降、倾斜操作要平稳，行驶时不要急转弯、转向。

(5)驾驶员应了解所搬运物品的性质,易滚动易滑物品要捆绑牢固,不准搬运易燃、易爆等危险用品。

5. 夜间行车事故预防

机动车在夜间行驶,由于光线不好,视觉不良,操纵困难,给安全行车造成很大的影响。

驾驶员在夜间行车,应做到以下几点:

(1)出车之前,应认真检查车辆,保证车辆制动可靠、转向灵活、气压正常、灯光和喇叭等齐全有效。

(2)适当降低车速,认真观察,正确使用灯光,并随时作好停车准备,以防发生意外。

(3)夜间会车,须距对面来车150米以外,将远光灯变为近光灯,并适当降低车速,选好交会地点。如因灯光照射发生眩目时,应立即停车,避免事故发生。

(4)夜间行车应尽量避免超车,如必须超车时,应事先连续变换大光灯远近示意,待前车让路允许超越后,方可进行超越。

(5)夜间行驶途中,车辆需临时停放或停车修理时,应开亮小光灯和车尾灯,防止碰撞事故的发生。

二、人工搬运事故伤害的预防

在机器与机器之间的空隙处或运输车辆进不去的地方,或者交接物品的时候,需要用手来搬运。这类"挪动物品的作业"经常会发生碰撞、物品掉落、扭伤、砸伤等事故。因此,应掌握避免事故发生的搬运方法,做到搬运安全。

1. 人工搬运的要点

(1)尽量使用手推车、平衡提升装置等搬运机械或器具。

(2)重物或带边角易伤人等不易搬运的物品应多人共同作业或放进容器内搬运。搬运时一定要在搬运通道上运输。

(3)搬起物品时,两脚必须尽量分开以便平均分解重量。腰要直,脚用力,膝盖和胯部要弯曲。所搬物品应靠近身体重心。

(4)胳膊尽量靠近身体,这样有助于利用物体与衣服之间的摩擦来支撑住物体。

(5)搬起动作应该做得平缓,不应过猛,也不能图快。搬运重物必须穿防砸鞋。

(6)重量限制标准:人力单独搬运时,男子 20～25 千克,女子10～15 千克是最高限度。重量限值详见表 2-2。(注:①注意每个人的情况不同;②重量在 1 吨以上的重物,应在上面作明显标记。)女子的体力比男子低三分之一,因此,不应分派女子做搬动重物超过肩膀高度的工作。

表 2-2 体力搬运重量限值

性别	搬运类别	单位	搬运方式		
			搬	扛	推或拉
男	单次重量	kg	15	50	300
	全日重量	t	18	20	30
	全日搬运量*	t·m	90	300	3000
女	单次重量	kg	10	20	200
	全日重量	t	8	10	16
	全日搬运量*	t·m	40	150	1600

* 为全日搬运重量和相应步行距离的乘积,以 t·m(吨·米)表示。

2. 人工搬运材料的器械、方法

(1)要考虑采用最小提升高度的器械和方法。

(2)使用以地面为基础的升降设备,以使升降高度最小,使提升操作更有效,更安全。

(3)搬运时物品不要堆积太多,重物放下层,按顺序堆放,注意不要一边偏重,堆放要尽可能低些,根据需要用绳子捆扎,以防倒塌。

(4)不得采用挡住前方视线的装载方法。限制荷重要作标记。

(5)搬运车不要放在通道上,不许乘坐搬运车;搬运车禁止快跑和松手。

（6）横过通道或在拐弯处，应先停下注意前后左右，特别是在搬运长物时更要注意。

（7）操作要慎重进行，绝对禁止抛掷装载或卸下作业。

（8）用手动升降机搬运时，要拉着作业；搬运危险品时要事先作出标志。

 事故案例

事故经过：

2009年2月3日上午10点57分，某危险化学品运输公司（以下简称：乙方）气瓶车驾驶员林某和押运员张某，在客户现场（以下简称：甲方）装卸完毕当日杜瓦罐，司机林某把刚作业完毕的叉车停在气瓶货车左侧，此时叉车和货车垂直停靠，叉车货叉一端指向货车，叉车货叉顶端和货车左侧厢门之间相距2米。林某和张某一起封闭气瓶货车左侧厢门，预备随后再将叉车挂到货车尾部，接着往隔壁公司现场卸货。10点58分，两人正在封闭气瓶货车车厢左侧厢门，此时甲方的现场保安罗某骑自行车巡检至此，试图从气瓶车和叉车之间通过，结果罗某脸部撞上了停靠在旁边叉车的货叉端部倒地，导致面部受伤，伤口缝合8针。

事故发生后，甲乙双方迅速成立事故调查组，通过勘查现场、查阅双方治理制度、教育培训记录、调阅现场监控录像、听取双方当事人对事故的陈述后，综合分析后认定此事故原因如下：

事故直接原因：

1. 操纵失误，忽视安全，违章驾驶车辆

事发前约1分钟，乙方叉车卸完货，叉车司机张某将叉车停靠在机动车道上，没有降下叉车货叉。

事发时，罗某的车速为11.7～13千米每小时，超过甲方厂区10千米每小时的限速要求。且在行驶到接近事故叉车时，还在蹬骑，没有刹车动作。

2. 作业场所狭窄

现场作业场所宽度仅 4.5 米,为一条人行通道和车辆通道,事发时货车停靠在人行通道上,叉车停靠在机动车道上;导致乙方在作业过程中,甲方员工、车辆频繁在作业车辆之间穿行。

3. 冒险进入危险场所,未及时瞭看

罗某在前行过程中应事先对前方状况进行充分的预判,在对通过区域情况不明时,应先行瞭看,谨慎前行。监控录像显示,罗某事先已经发现人行通道被占用,在靠近作业区前已经有意识的左转自行车,从人行通道转到机动车道。但未能发现前方存在的叉车货叉。事发前 10 秒钟还有甲方员工从叉车、货车之间安全通过。而事发前现场光线良好,四周没有正在运行中的作业车辆,四周没有行人干扰保安罗某的前方视线。当时乙方的货叉没有降下,叉车货叉高度 1.57 米正好处在罗某骑行的平视角度上,罗某视力良好;在货叉宽度 5 厘米的情况下,10 米以外,可以清楚地看到该货叉。

事故的间接原因:

1. 甲方现场作业组织混乱

①现场没有固定卸货点,外来车辆在现场随意停靠、卸货。②现场交叉作业,未看到有人进行协调、指挥。③车辆随意占用人行通道,在人行通道堵塞时,无人疏导通道。

2. 对现场作业缺乏检查和指导

甲方和乙方双方事先未就现场卸货点、车辆行走路线、叉车行走路线等留意事项进行现场分析并达成一致。同时在作业过程中无人监视、检查和指挥。

3. 教育培训不够,安全意识低下

(1)甲方员工对厂内可能的风险,没有足够的重视,体现在现场叉车正在交叉作业,还有员工频繁从作业现场的车辆之间冒险通过。

(2)乙方叉车司机没有认真执行叉车操纵规范,作业完毕,没有及时将货叉接触或平放在地面上。

4. 对制度执行不力，缺乏有效监管

乙方叉车司机张某没有严格执行操纵规程，甲方员工对公司关于车辆行驶、厂区治理等制度（甲方厂区不得骑车形式）贯彻不严格。

5. 可能导致事件发生的其他原因

自行车刹车失灵（因本事件中，罗某在被撞的同时，还在蹬骑，故自行车本身因素不作考虑），现场发生其他影响正常骑车的事件如保安身体欠佳等。

事故预防措施：

1. 乙方采取的预防措施

加强对叉车司机的安全教育，进一步规范作业；对类似有作业风险的客户现场作业环境进行评估，如有较大风险，及时联系客户协商解决；在甲方现场作业时，随车携带标志牌，在作业时摆放明显位置，给予通过职员提示（车前、后各摆放两个），碰到有职员通过期，应暂停作业；和甲方协商，在作业区域制作安全标志牌，用以在卸货过程中提示周边人群及车辆，避免盲目进入作业区域。

2. 甲方采取的预防措施

加强员工安全教育，积极协调现场作业并及时检查；规范外来车辆本公司厂区的临时作业，即规定作业地点、规定好行车路线、行车速度等；协调外来车辆和本公司车辆之间的交叉作业，尽量避免在上放工、就餐的高峰时段进行作业；制作一定数目的移动式安全标志牌，用以危险区域的临时作业的警示标记。

第九节　有限空间事故的预防

近年来，全国冶金、有色、建材、机械、轻工、纺织、烟草、商贸等工贸行业企业共发生多起有限空间作业事故，造成众多人员伤亡和财产损失。事故主要原因：一是事故企业多为位于乡镇或农村的私营小企业、小作坊，个别企业工商证照不全，非法生产经营；二是企业安全生产主体责任不落实，对有限空间作业安全生产工作不重视，安全生产管理不到位；三是企业安全教育培训工作不力，职工缺乏有限空间作业安全知识和自救互救能力；四是企业隐患排查治理工作不到位，作业前没有对作业现场有毒有害气体进行检测，没有为作业人员配备自救器、防毒面具等必要的个人防护装备和气体检测监控仪器；五是未制订切实有效的应急预案，盲目施救导致伤亡人数扩大；六是部分地区对冶金等工贸企业有限空间作业的安全生产工作重视不够，监督管理针对性不强，存在薄弱环节和漏洞等。因此在进行有限空间作业时，作业人员必须掌握相关作业规程和法律法规，掌握必要的安全生产知识和应急自救能力。

一、有限空间的概念

有限空间是指封闭或部分封闭，进出口较为狭窄有限，未被设计为固定工作场所，自然通风不良，易造成有毒有害、易燃易爆物质积聚或氧含量不足的空间。

有限空间分为三类：①密闭设备，如船舱、贮罐、车载槽罐、反应塔（釜）、冷藏箱、压力容器、管道、烟道、锅炉等；②地下有限空间，如地下管道、地下室、地下仓库、地下工程、暗沟、隧道、涵洞、地坑、废井、地窖、污水池（井）、沼气池、化粪池、下水道等；③地上有限空间，如储藏室、酒糟池、发酵池、垃圾站、温室、冷库、粮仓、料仓等。

有限空间作业是指作业人员进入有限空间实施的作业活动。

二、有限空间作业安全技术要求

1. 检测

实施有限空间作业前，生产经营单位应严格执行"先检测、后作业"的原则，根据作业现场和周边环境情况，检测有限空间可能存在的危害因素。检测指标包括氧浓度值、易燃易爆物质（可燃性气体、爆炸性粉尘)浓度值、有毒气体浓度值等。未经检测,严禁作业人员进入有限空间。

在作业环境条件可能发生变化时,生产经营单位应对作业场所中危害因素进行持续或定时检测。作业者工作面发生变化时,视为进入新的有限空间,应重新检测后再进入。

实施检测时,检测人员应处于安全环境,检测时要做好检测记录,包括检测时间、地点、气体种类和检测浓度等。

2. 危害评估

实施有限空间作业前,生产经营单位应根据检测结果对作业环境危害状况进行评估,制定消除、控制危害的措施,确保整个作业期间处于安全受控状态。

3. 通风

生产经营单位实施有限空间作业前和作业过程中,可采取强制性持续通风措施以降低危险,保持空气流通。严禁用纯氧进行通风换气。

4. 防护设备

生产经营单位应为作业人员配备符合国家标准要求的通风设备、检测设备、照明设备、通信设备、应急救援设备和个人防护用品。当有限空间存在可燃性气体和爆炸性粉尘时,检测、照明、通信设备应符合防爆要求,作业人员应使用防爆工具、配备可燃气体报警仪等。

防护装备以及应急救援设备设施应妥善保管,并按规定定期进行检验、维护,以保证设施的正常运行。

5. 呼吸防护用品

呼吸防护用品的选择应符合 GB/T 18664《呼吸防护用品的选择、使用与维护》要求。缺氧条件下,应符合 GB 8958《缺氧危险作业安全规程》要求。

6. 应急救援装备

生产经营单位应配备全面罩正压式空气呼吸器或长管面具等隔离式呼吸保护器具、应急通信报警器材、现场快速检测设备、大功率强制通风设备、应急照明设备、安全绳、救生索、安全梯等。

三、有限空间作业安全管理要求

1. 作业审批

凡进入有限空间进行施工、检修、清理作业的,生产经营单位应实施作业审批。未经作业负责人审批,任何人不得进入有限空间作业。

2. 危害告知

生产经营单位应在有限空间进入点附近设置醒目的警示标志标识,并告知作业者存在的危险有害因素和防控措施,防止未经许可人员进入作业现场。

3. 现场监督管理

有限空间作业现场应明确作业负责人、监护人员和作业人员,不得在没有监护人的情况下作业。

(1)作业负责人职责:应了解整个作业过程中存在的危险有害因素;确认作业环境、作业程序、防护设施、作业人员符合要求后,授权批准作业;及时掌握作业过程中可能发生的条件变化,当有限空间作业条件不符合安全要求时,终止作业。

(2)作业者职责:应接受有限空间作业安全生产培训;遵守有限空间作业安全操作规程,正确使用有限空间作业安全设施与个人防护用品;应与监护者进行有效的操作作业、报警、撤离等信息沟通。

(3)监护者职责:应接受有限空间作业安全生产培训;全过程掌握作业者作业期间情况,保证在有限空间外持续监护,能够与作业者进行有效的操作作业、报警、撤离等信息沟通;在紧急情况时向作业者发出撤离警告,必要时立即呼叫应急救援服务,并在有限空间外实施紧急救援工作;防止未经授权的人员进入。

4. 培训

生产经营单位应对有限空间作业负责人、作业者和监护者开展安全教育培训,培训内容包括:有限空间存在的危险特性和安全作业的要求;进入有限空间的程序;检测仪器、个人防护用品等设备的正确使用;事故应急救援措施与应急救援预案等。

5. 应急救援

生产经营单位应制订有限空间作业应急救援预案,明确救援人员及职责,落实救援设备器材,掌握事故处置程序,提高对突发事件的应急处置能力。预案每年至少进行一次演练,并不断进行修改完善。

有限空间发生事故时,监护者应及时报警,救援人员应做好自身防护,配备必要的呼吸器具、救援器材,严禁盲目施救,导致事故扩大。

6. 事故报告

有限空间发生事故后,生产经营单位应当按照国家和本市有关规定向所在区县政府、安全生产监督管理部门和相关行业监管部门报告。

● 事故案例

事故发生的经过和救援情况:

2012 年 7 月 26 日下午 14 时许,普宁恒润·御景城工程(一期)施工工地的工人林某进入地下二层消防水池,窒息在水池内,木工小组长郑友某发现后打电话向曾某报告,曾某立即会同在半路碰到的正在巡查的施工员王某等人赶到消防水池边,到消防水池边后发现林某和郑友某两人均倒在水池内。曾某立即准备进入消防水池救人,在场工人劝他下面太危险,不能贸然施救,但此时曾某情绪激动,挣脱在场工友后通过固定在池壁合板上的钢管向下攀爬到消防水池里，弯下腰去拉躺在池底的郑友某并叫了六、七声郑友某的名字后就瘫倒下去不能动弹。在井口上面的王某呼喊着曾某的名字，但曾某没有回应，于是电话报告公司项目部副经理郑燕某。在场人员见状，有人到办公室拿来电风扇对消防水池送风，有人打通水池预留口进行通风，有人拨打110、119、120报警，有人腰系保险带由工友监护进入消防水池救人，但因感到严重不适，不得不由工友拉回到上面。正在办公室的项目部副经理郑燕某接到事故报告后马上报警并向正在汕头开会的项目经理黄某报告，立即赶到事故现场指挥救援。接到报警后，消防、医护人员迅速赶赴现场开展施救工作。至15时50分，3名伤者被救起并送往普宁华侨医院进行急救。至当天17时，3名伤者经抢救无效死亡。

事故发生后，有关单位积极主动做好死者家属的安抚工作，采取有效措施妥善处理好事故善后工作。施工单位汕头市达濠建筑总公司于8月1日分别与3名死者的家属达成协议，签订了赔偿协议书，并分别付给死者家属补偿金及补助金，尸体于8月2日火化，善后工作结束。

事故发生后，普宁市党政和有关部门立即赶赴现场组织救援。揭阳市党政领导对事故的处置工作迅速作出指示，省住建厅、市住建局和市安监局等有关部门分别派员到现场指导督促事故抢救和善后处理工作。省住建厅对项目施工单位项目负责人黄某和专职安全员杨某作出收回培训考核合格证的决定，对施工单位汕头市达濠建筑总公司作出暂扣安全生产许可证60天的决定。普宁市住建局对该项目下达停工通知书，对项目总监洪某实施安全生产动态扣分。

直接原因：

木工作业人员林某在没有任何安全防护和通风措施的情况下，进入密闭的消防水池，由于水池内部二氧化碳超标、氧气含量不足窒息在水池内。木工小组长郑友某发现后在没有任何安全防护措施和人员监护的情况下,盲目进入消防水池施救;木工分项承包人曾某接到报告后迅速赶到事故现场,在未报告项目部领导的情况下,不听现场其他人员劝阻,再次在没有任何安全防护措施的情况下,盲目进入消防水池施救,上述2人因施救不当相继窒息在水池内,造成事故扩大。

据广州市职业病防治院对8月9日在消防水池内前后二个区域中提取的气体的检测结果显示,事故后消防水池内一氧化碳、甲烷、二氧化硫、一氧化氮、二氧化氮、磷化氢、硫化氢、甲醛、二氯甲烷浓度均符合卫生限值规定;二氧化碳浓度超标(为正常值的1.6或1.7倍)、氧气含量不足(空气中含氧量为10.3%、10.6%,正常值为20.9%)。

综上所述,事故发生的直接原因是工人违章作业,在没有采取防护措施和通风的情况下进入密闭的消防水池缺氧导致窒息死亡。

间接原因:

一是施工单位汕头市达濠建筑总公司安全管理不到位,没有对密闭空间施工作业现场的安全隐患予以警示;未有效对从业人员进行安全教育;作业人员进入密闭空间作业未采取有效的防护措施,未安排专人监护,未对密闭空间进行通风、检测等处理;应急演练不足,发生事故后未按应急救援预案开展救援,救援措施不当。二是工程监理单位珠海市城市建设监理有限公司项目监理人员对施工单位的安全管理工作监理不到位,未能发现并督促施工单位消除工地的安全隐患,督促施工单位进行有效的安全教育和应急演练活动。三是普宁市有关部门监管不到位。

事故性质:

经分析,该事故是一起较大生产安全责任事故。事故造成3人死亡,直接经济损失75万元。

相关链接

《有限空间安全作业五条规定》（安监总局令第 69 号）：

（1）必须严格实行作业审批制度，严禁擅自进入有限空间作业。

（2）必须做到"先通风、再检测、后作业"，严禁通风、检测不合格作业。

（3）必须配备个人防中毒窒息等防护装备，设置安全警示标识，严禁无防护监护措施作业。

（4）必须对作业人员进行安全培训，严禁教育培训不合格上岗作业。

（5）必须制定应急措施，现场配备应急装备，严禁盲目施救。

第十节　危险化学品安全常识

务工人员因为生产经营需要，作业过程中会不同程度地涉及危险化学品的存储、经营、运输、使用等环节。由于危险化学品的特殊性，极易导致事故发生，因此从业人员必须掌握危险化学品的基本常识。

一、危险化学品的概念和分类

1. 危险化学品的概念

危险化学品，是指具有毒害、腐蚀、爆炸、燃烧、助燃等性质，对人体、设施、环境具有危害的剧毒化学品和其他化学品。

危险化学品目录，由国务院安全生产监督管理部门会同国务院工业和信息化、公安、环境保护、卫生、质量监督检验检疫、交通运输、铁路、民用航空、农业主管部门，根据化学品危险特性的鉴别和分类标准确定、公布，并适时调整。

2. 化学品危险性类别的划分

《化学品分类和危险性公示 通则》(GB 13690—2009)将危险化学品分为三大类。第一大类包含爆炸物等 16 类;第二大类包含急性毒性等 10 类;第三大类包含危害水生环境等 7 类。

3. 主要危险特性

①燃烧性。爆炸品、压缩气体和液化气体中可燃气体、易燃液体、易燃固体、自燃物品、遇湿易燃物品、有机过氧化物等,在条件具备时均可能发生燃烧。②爆炸性。爆炸品、压缩气体和液化气体、易燃液体、易燃固体、自燃物品、遇湿易燃物品、氧化剂和有机过氧化物等危险化学品均有可能由于其化学活性或易燃性引发爆炸。③毒害性。许多危险化学品可通过一种或多种途径进入人体和动物体内,当其在人体累积到一定量时,便会扰乱或破坏机体的正常生理功能,引起暂时性或持久性的病理改变,甚至危及生命。④腐蚀性。强酸强碱等物质能对人体组织、金属物品等造成损坏,接触人的皮肤、眼睛或肺部、食道时,会引起表皮组织坏死而造成灼伤。内部器官被灼伤后可引起炎症,甚至会造成死亡。⑤放射性。放射性危险化学品通过放出射线可阻碍和伤害人体细胞活动机能并导致细胞死亡。

二、危险化学品的基本规定

危险化学品安全管理,应当坚持安全第一、预防为主、综合治理的方针,强化和落实企业的主体责任。

生产、储存、使用、经营、运输危险化学品的单位(以下统称危险化学品单位)的主要负责人对本单位的危险化学品安全管理工作全面负责。

危险化学品单位应当具备法律、行政法规规定和国家标准、行业标准要求的安全条件,建立、健全安全管理规章制度和岗位安全责任制度,对从业人员进行安全教育、法制教育和岗位技术培训。

从业人员应当接受教育和培训,考核合格后上岗作业;对有资格要求的岗位,应当配备依法取得相应资格的人员。

任何单位和个人不得生产、经营、使用国家禁止生产、经营、使用的危险化学品。

国家对危险化学品的使用有限制性规定的,任何单位和个人不得违反限制性规定使用危险化学品。

三、危险化学品存储安全规定

有些服务业生产经营单位会涉及到少量危险化学品的存储(专业危险化学品存储必须严格按照《危险化学品安全管理条例》的有关规定取得安全生产许可证后方可经营,并且在当地安全生产监督管理部门进行备案)。服务行业因业务发展需要存储少量危险化学品的应遵照以下规定:

(1)储存危险化学品的单位,应当根据其储存的危险化学品的种类和危险特性,在作业场所设置相应的监测、监控、通风、防晒、调温、防火、灭火、防爆、泄压、防毒、中和、防潮、防雷、防静电、防腐、防泄漏以及防护围堤或者隔离操作等安全设施、设备,并按照国家标准、行业标准或者国家有关规定对安全设施、设备进行经常性维护、保养,保证安全设施、设备的正常使用。

(2)储存危险化学品的单位,应当在其作业场所和安全设施、设备上设置明显的安全警示标志。

储存危险化学品的单位,应当在其作业场所设置通信、报警装置,并保证处于适用状态。

(3)储存剧毒化学品或者国务院公安部门规定的可用于制造爆炸物品的危险化学品(以下简称易制爆危险化学品)的单位,应当如实记录其储存的剧毒化学品、易制爆危险化学品的数量、流向,并采取必要的安全防范措施,防止剧毒化学品、易制爆危险化学品丢失或者被盗;发现剧毒化学品、易制爆危险化学品丢失或者被盗的,应当立即向当地公安机关报告。

储存剧毒化学品、易制爆危险化学品的单位,应当设置治安保卫机构,配备专职治安保卫人员。

(4)危险化学品应当储存在专用仓库、专用场地或者专用储存室(以下统称专用仓库)内,并由专人负责管理;剧毒化学品以及储存数量构成重大危险源的其他危险化学品,应当在专用仓库内单独存放,并实行双人收发、双人保管制度。

危险化学品的储存方式、方法以及储存数量应当符合国家标准或者国家有关规定。

(5)储存危险化学品的单位应当建立危险化学品出入库核查、登记制度。

对剧毒化学品以及储存数量构成重大危险源的其他危险化学品,储存单位应当将其储存数量、储存地点以及管理人员的情况,报所在地县级人民政府安全生产监督管理部门(在港区内储存的,报港口行政管理部门)和公安机关备案。

(6)危险化学品专用柜(库房)应当符合国家标准、行业标准的要求,并设置明显的标志。储存剧毒化学品、易制爆危险化学品的专用柜(库房),应当按照国家有关规定设置相应的技术防范设施。

储存危险化学品的单位应当对其危险化学品专用仓库的安全设施、设备定期进行检测、检验。

四、危险化学品使用安全规定

因生产经营需要使用危险化学品时,要严格按照《危险化学品安全管理条例》及其他法律法规标准执行,否则很容易导致严重的生产安全事故和环境污染事故。使用危险化学品时应严格按照以下规定进行:使用危险化学品的单位,其使用条件(包括工艺)应当符合法律、行政法规的规定和国家标准、行业标准的要求,并根据所使用的危险化学品的种类、危险特性以及使用量和使用方式,建立、健全使用危险化学品的安全管理规章制度和安全操作规程,保证危险化学品的安全使用。

使用危险化学品从事生产并且使用量达到规定数量的化工企业(属于危险化学品生产企业的除外),应当依照本条例的规定取得危险化学品安全使用许可证。

五、危险化学品经营安全规定

国家对危险化学品经营(包括仓储经营)实行许可制度。未经许可,任何单位和个人不得经营危险化学品。

从事危险化学品经营的企业应当具备下列条件:①有符合国家标准、行业标准的经营场所,储存危险化学品的,还应当有符合国家标准、行业标准的储存设施;②从业人员经过专业技术培训并经考核合格;③有健全的安全管理规章制度;④有专职安全管理人员;⑤有符合国家规定的危险化学品事故应急预案和必要的应急救援器材、设备;⑥法律、法规规定的其他条件。

依法取得危险化学品安全生产许可证、危险化学品安全使用许可证、危险化学品经营许可证的企业,凭相应的许可证件购买剧毒化学品、易制爆危险化学品。民用爆炸物品生产企业凭民用爆炸物品生产许可证购买易制爆危险化学品。

个人不得购买剧毒化学品(属于剧毒化学品的农药除外)和易制爆危险化学品。

危险化学品生产企业、经营企业销售剧毒化学品、易制爆危险化学品,应当如实记录购买单位的名称、地址、经办人的姓名、身份证号码以及所购买的剧毒化学品、易制爆危险化学品的品种、数量、用途。销售记录以及经办人的身份证明复印件、相关许可证件复印件或者证明文件的保存期限不得少于1年。

剧毒化学品、易制爆危险化学品的销售企业、购买单位应当在销售、购买后5日内,将所销售、购买的剧毒化学品、易制爆危险化学品的品种、数量以及流向信息报所在地县级人民政府公安机关备案,并输入计算机系统。

六、危险化学品运输安全规定

从事危险化学品道路运输、水路运输的,应当分别依照有关道路运输、水路运输的法律、行政法规的规定,取得危险货物道路运输许可、危险货物水路运输许可,并向工商行政管理部门办理登记手续。危险化学品道路运输企业、水路运输企业应当配备专职安全管理人员。

危险化学品道路运输企业、水路运输企业的驾驶人员、船员、装卸管理人员、押运人员、申报人员、集装箱装箱现场检查员应当经交通运输主管部门考核合格,取得从业资格。具体办法由国务院交通运输主管部门制定。危险化学品的装卸作业应当遵守安全作业标准、规程和制度,并在装卸管理人员的现场指挥或者监控下进行。水路运输危险化学品的集装箱装箱作业应当在集装箱装箱现场检查员的指挥或者监控下进行,并符合积载、隔离的规范和要求;装箱作业完毕后,集装箱装箱现场检查员应当签署装箱证明书。

运输危险化学品,应当根据危险化学品的危险特性采取相应的安全防护措施,并配备必要的防护用品和应急救援器材。用于运输危险化学品的槽罐以及其他容器应当封口严密,能够防止危险化学品在运输过程中因温度、湿度或者压力的变化发生渗漏、洒漏;槽罐以及其他容器的溢流和泄压装置应当设置准确、起闭灵活。运输危险化学品的驾驶人员、船员、装卸管理人员、押运人员、申报人员、集装箱装箱现场检查员,应当了解所运输的危险化学品的危险特性及其包装物、容器的使用要求和出现危险情况时的应急处置方法。

禁止通过内河封闭水域运输剧毒化学品以及国家规定禁止通过内河运输的其他危险化学品。前款规定以外的内河水域,禁止运输国家规定禁止通过内河运输的剧毒化学品以及其他危险化学品。

通过内河运输危险化学品,应当由依法取得危险货物水路运输许可的水路运输企业承运,其他单位和个人不得承运。托运人应当委托依法取得危险货物水路运输许可的水路运输企业承运,不得委托其他单位和个人承运。

托运人不得在托运的普通货物中夹带危险化学品,不得将危险化学品匿报或者谎报为普通货物托运。任何单位和个人不得交寄危险化学品或者在邮件、快件内夹带危险化学品,不得将危险化学品匿报或者谎报为普通物品交寄。邮政企业、快递企业不得收寄危险化学品。

七、危险化学品废弃物处理规定

(1)储存、处置危险化学品废弃物的建设项目,其职业安全卫生及环境保护设施,必须与主体工程同时设计、同时施工、同时投产使用,并经当地县以上环保局和其他有关部门验收合格后,方可投入使用。

(2)安全技术部门负责把企业产生危险化学品废弃物的产生量、储存、流向、处置等有关资料上报当地县级以上环保局。

(3)各部门、车间的危险化学品,必须指定专人负责,送往企业危险化学品废弃物处理部门统一处置,不得随意抛弃。

(4)禁止在危险化学品储存区域内堆积可燃危险废弃物。

(5)储存、运输、处置危险化学品废弃物,必须按照危险化学品废弃物特性分类进行。禁止混合储存、运输、处置性质不兼容而未经安全性处置的危险化学品废弃物。

(6)运输危险化学品废弃物,必须采取防止污染环境的措施。

(7)对危险化学品废弃物容器、包装物,储存、运输、处置危险化学品废弃物的场所、设施,必须设置危险废弃物识别标志。

(8)危险化学品废弃物的包装应采用易回收利用、易处置或者在环境中易消纳的包装物。

(9)储存、运输、处置危险化学品废弃物的场所、设施、设备、容器、包装物及其他物品转作他用时,必须经过消除污染及消毒处理,方可使用。

(10)转移危险化学品废弃物,由企业安全技术部门按国家有关规定填写、办理废弃物转移联单,并向危险物移出地和接受地的县级以上环保局报告。

(11)安全技术部门负责制订在储存、运输、处置危险化学品废弃物时发生的意外事故的应急措施。

(12)因发生事故,造成危险化学品废弃物严重污染环境时,安全技术部门必须立即采取措施消除或减轻对环境的污染危害,及时通报可能受到污染危害的单位和居民,并向单位负责人和当地县以上环保局以及其他有关部门报告。

相关链接

《化工(危险化学品)企业保障生产安全十条规定》(安监总局令第64号):

(1)必须依法设立,证照齐全有效。

(2)必须建立健全并严格落实全员安全生产责任制,严格执行领导带班值班制度。

(3)必须确保从业人员符合录用条件并培训合格,依法持证上岗。

(4)必须严格管控重大危险源,严格变更管理,遇险科学施救。

(5)必须按照《危险化学品企业事故隐患排查治理实施导则》要求排查治理隐患。

(6)严禁设备设施带病运行和未经审批停用报警连锁系统。

(7)严禁可燃和有毒气体泄漏等报警系统处于非正常状态。

(8)严禁未经审批进行动火、进入受限空间、高处、吊装、临时用电、动土、检维修、盲板抽堵等作业。

(9)严禁违章指挥和强令他人冒险作业。

(10)严禁违章作业、脱岗和在岗做与工作无关的事。

● 事故案例

2011年4月29日,南充通发运输公司一辆罐车,从内江天科股份有限公司装载20吨危化品环己酮(高闪点易燃液体)到成都永亮化工经营公司,途经成渝高速公路,15时55分许,出龙泉隧道后下坡时,在一连续弯道处刹车制动失控,冲破隔离栏行至对面车道,撞上2辆面包车和1辆小轿车,致使环己酮泄漏燃烧,导致7人死亡、4人受伤的较大道路交通事故。

事故发生后,消防人员立即赶赴现场将明火熄灭,再用泡沫将泄漏的液体覆盖,漏出的环己酮与消防水等采取堵挡措施,同时将事故车辆拖离事故现场,由四川呈祥物流公司倒罐,现场泄漏的环己酮由环保部门按规定的洗消办法处置。

这起事故暴露出当前一些危险化学品运输企业安全生产责任制和安全管理制度不落实,安全管理不到位,隐患排查治理不深入、不细致等问题依然存在。主要表现在:一是车辆检维修制度不落实,维护保养不到位,致使刹车制动失控。二是危险化学品运输车辆驾驶员处置不当,造成事故扩大。危险化学品运输车辆遇险时,驾驶员应尽最大努力控制车辆,避免翻车导致危险化学品泄漏,造成灾难性事故。而该车驾驶员虽尽了一些努力控制车辆,但最终是跳车逃避,致使车辆完全失控。三是车辆安全隐患检查制度不落实,隐患排查不到位,致使车辆在运输途中埋下安全隐患。

第三章 职业病及职业危害预防

第一节 职业病概念和分类

一、职业病概念

《中华人民共和国职业病防治法》(以下简称《职业病防治法》)(修订版)将职业病定义为:企业、事业单位和个体经济组织等用人单位的劳动者在职业活动中,因接触粉尘、放射性物质和其他有毒、有害因素而引起的疾病。职业病的分类和目录由国务院卫生行政部门会同国务院安全生产监督管理部门、劳动保障行政部门制定、调整并公布。

二、职业病分类和目录

国家卫生计生委、国家安全生产监管总局、人力资源社会保障部和全国总工会四部门 2013 年 12 月 23 日联合颁布了《关于印发〈职业病分类和目录〉的通知》(国卫疾控发〔2013〕48 号);2002 年 4 月 18 日原卫生部和原劳动保障部联合印发的《职业病目录》同时废止。

根据《职业病分类和目录》调整的原则和职业病的遴选原则,修订后的《职业病分类和目录》由原来的 115 种职业病调整为 132 种(含 4 项开放性条款)。其中新增 18 种,对 2 项开放性条款进行了整合。另外,对 16 种职业病的名称进行了调整。新发布的《职业病分类和目录》如表 3-1 所示。

表3-1　职业病分类和目录（2013版）

分类		目录
一、职业性尘肺病及其他呼吸系统疾病	（一）尘肺病	1. 矽肺；2. 煤工尘肺；3. 石墨尘肺；4. 碳黑尘肺；5. 石棉肺；6. 滑石尘肺；7. 水泥尘肺；8. 云母尘肺；9. 陶工尘肺；10. 铝尘肺；11. 电焊工尘肺；12. 铸工尘肺；13. 根据《尘肺病诊断标准》和《尘肺病理诊断标准》可以诊断的其他尘肺病
	（二）其他呼吸系统疾病	1. 过敏性肺炎；2. 棉尘病；3. 哮喘；4. 金属及其化合物粉尘肺沉着病（锡、铁、锑、钡及其化合物等）；5. 刺激性化学物所致慢性阻塞性肺疾病；6. 硬金属肺病
二、职业性皮肤病		1. 接触性皮炎；2. 光接触性皮炎；3. 电光性皮炎；4. 黑变病；5. 痤疮；6. 溃疡；7. 化学性皮肤灼伤；8. 白斑；9. 根据《职业性皮肤病的诊断总则》可以诊断的其他职业性皮肤病
三、职业性眼病		1. 化学性眼部灼伤；2. 电光性眼炎；3. 白内障（含放射性白内障、三硝基甲苯白内障）
四、职业性耳鼻喉口腔疾病		1. 噪声聋；2. 铬鼻病；3. 牙酸蚀病；4. 爆震聋
五、职业性化学中毒		1. 铅及其化合物中毒（不包括四乙基铅）；2. 汞及其化合物中毒；3. 锰及其化合物中毒；4. 镉及其化合物中毒；5. 铍病；6. 铊及其化合物中毒；7. 钡及其化合物中毒；8. 钒及其化合物中毒；9. 磷及其化合物中毒；10. 砷及其化合物中毒；11. 铀及其化合物中毒；12. 砷化氢中毒；13. 氯气中毒；14. 二氧化硫中毒；15. 光气中毒；16. 氨中毒；17. 偏二甲基肼中毒；18. 氮氧化合物中毒；19. 一氧化碳中毒；20. 二硫化碳中毒；21. 硫化氢中毒；22. 磷化氢、磷化锌、磷化铝中毒；23. 氟及其无机化合物中毒；24. 氰及腈类化合物中毒；25. 四乙基铅中毒；26. 有机锡中毒；27. 羰基镍中毒；28. 苯中毒；29. 甲苯中毒；30. 二甲苯中毒；31. 正己烷中毒；32. 汽油中毒；33. 一甲胺中毒；34. 有机氟聚合物单体及其热裂解物中毒；35. 二氯乙烷中毒；36. 四氯化碳中毒；37. 氯乙烯中毒；38. 三氯乙烯中毒；39. 氯丙烯中毒；40. 氯丁二烯中毒；41. 苯的氨基及硝基化合物（不包括三硝基甲苯）中毒；42. 三硝基甲苯中毒；43. 甲醇中毒；44. 酚中毒；

续表

分类	目录
五、职业性化学中毒	45. 五氯酚(钠)中毒;46. 甲醛中毒;47. 硫酸二甲酯中毒;48. 丙烯酰胺中毒;49. 二甲基甲酰胺中毒;50. 有机磷中毒;51. 氨基甲酸酯类中毒;52. 杀虫脒中毒;53. 溴甲烷中毒;54. 拟除虫菊酯类中毒;55. 铟及其化合物中毒;56. 溴丙烷中毒;57. 碘甲烷中毒;58. 氯乙酸中毒;59. 环氧乙烷中毒;60. 上述条目未提及的与职业有害因素接触之间存在直接因果联系的其他化学中毒
六、物理因素所致职业病	1. 中暑;2. 减压病;3. 高原病;4. 航空病;5. 手臂振动病;6. 激光所致眼(角膜、晶状体、视网膜)损伤;7. 冻伤
七、职业性放射性疾病	1. 外照射急性放射病;2. 外照射亚急性放射病;3. 外照射慢性放射病;4. 内照射放射病;5. 放射性皮肤疾病;6. 放射性肿瘤(含矿工高氡暴露所致肺癌);7. 放射性骨损伤;8. 放射性甲状腺疾病;9. 放射性性腺疾病;10. 放射性复合伤;11. 根据《职业性放射性疾病诊断标准(总则)》可以诊断的其他放射性损伤
八、职业性传染病	1. 炭疽;2. 森林脑炎;3. 布鲁氏菌病;4. 艾滋病(限于医疗卫生人员及人民警察);5. 莱姆病
九、职业性肿瘤	1. 石棉所致肺癌、间皮瘤;2. 联苯胺所致膀胱癌;3. 苯所致白血病;4. 氯甲醚、双氯甲醚所致肺癌;5. 砷及其化合物所致肺癌、皮肤癌;6. 氯乙烯所致肝血管肉瘤;7. 焦炉逸散物所致肺癌;8. 六价铬化合物所致肺癌;9. 毛沸石所致肺癌、胸膜间皮瘤;10. 煤焦油、煤焦油沥青、石油沥青所致皮肤癌;11. β-萘胺所致膀胱癌
十、其他职业病	1. 金属烟热;2. 滑囊炎(限于井下工人);3. 股静脉血栓综合征、股动脉闭塞症或淋巴管闭塞症(限于刮研作业人员)

相关链接

新修订的《职业病防治法》共 7 章 88 条,目的在于预防、控制和消除职业病危害,防治职业病,保护劳动者健康及其相关权益,促进经济社会发展。职业病防治工作坚持预防为主、防治结合的方针,建立用人单位负责、行政机关监管、行业自律、职工参与和社会监督的机制,实行分类管理、综合治理。

第二节　常见职业病危害因素

职业病危害因素也称为职业性有害因素,在职业活动中产生和(或)存在的、可能对职业人群健康、安全和作业能力造成不良影响的因素或条件,包括化学、物理、生物等因素。职业性有害因素按照其来源可分为生产工艺过程中产生的有害因素、劳动过程中有害因素和工作环境中的有害因素三大类。

一、生产工艺过程中产生的有害因素

1. 粉尘

如矽尘、煤尘、石棉粉尘、滑石粉尘、水泥粉尘、铝尘、谷物粉尘等。

2. 化学因素

如铅、汞、苯、氯、一氧化碳、有机磷农药等。

3. 物理因素

(1)异常气象条件:如高温和低温等。

(2)异常气压:如高气压、低气压等。

(3)噪声、振动等。

(4)非电离辐射:如可见强光、紫外线、红外线、微波、激光等。

4. 放射性因素

如:X 射线、γ 射线等。

5. 生物因素

如炭疽杆菌、布氏杆菌等；医务工作者接触的传染性病源，如SARS病毒等。

6. 其他因素

如金属类、井下不良作业条件。

二、劳动过程中的有害因素

(1)劳动组织和制度的不合理，如劳动时间过长、劳动休息制度不健全或不合理等。

(2)劳动中的精神(心理)过度紧张。

(3)劳动强度过大或劳动安排不当，如安排的作业与劳动者的生理状况不相适应，或生产定额过高，或超负荷的加班加点等。

(4)个别器官或系统过度紧张，如光线不足引起的视力疲劳等。

(5)不良体位如长时间处于某种姿势，或使用不合理的工具设备等。

三、工作环境的有害因素

(1)自然环境中的因素，如炎热季节的太阳辐射。

(2)不合理的生产过程。

(3)生产场所设计不符合卫生要求或卫生标准，如厂房矮小、狭窄，车间布置不合理(有毒和无毒工段安排在一个车间)等。

(4)缺乏必要的卫生工程技术设施，如没有通风换气或照明设备，或未加净化就排放污水；缺乏防尘、防毒、防暑降温、防噪声等措施、设备或虽有但不完善、效果不好。

(5)自然环境中的因素：太阳辐射。

(6)安全防护设备和个人防护用品方面有缺陷。

在生产现场中，往往同时存在着多种有害因素，给劳动者的健康带来复合的、更大的危害。

第三节　职业病防治基本知识

一、职业病前期预防

职业病防治工作坚持预防为主、防治结合的方针,实行分类管理、综合治理。劳动者依法享有职业卫生保护的权利。

用人单位应当为劳动者创造符合国家职业卫生标准和卫生要求的工作环境和条件,并采取措施保障劳动者获得职业卫生保护。

用人单位应当建立、健全职业病防治责任制,加强对职业病防治的管理,提高职业病防治水平,对本单位产生的职业病危害承担责任。

用人单位必须依法参加工伤社会保险。

二、劳动过程中的防护与管理

1. 硬件保障

生产经营单位应当保障职业病防治所需的资金投入,不得挤占、挪用,并对因资金投入不足导致的后果承担责任;必须采用有效的职业病防护设施,并为劳动者提供个人使用的职业病防护用品;应当优先采用有利于防治职业病和保护劳动者健康的新技术、新工艺、新设备、新材料;使用可能产生职业病危害的设备的,应当提供中文说明书,并在设备的醒目位置设置警示标识和中文警示说明;使用可能产生职业病危害的化学品、放射性同位素和含有放射性物质的材料,应当提供中文说明书;国内首次使用或者首次进口与职业病危害有关的化学材料,使用单位或者进口单位要向有关主管部门报送该化学材料的毒性鉴定以及其他资质材料;不得生产、经营、进口和使用国家明令禁止使用的可能产生职业病危害的设备或者材料;不得将产生职业病危害的作业转移给不具备职业病防护条件的单位和个人;不具备职业病防护条件的单位和个人不得接受产生职业病危害的作业。

2. 职业病危害因素检测

生产经营单位应当实施由专人负责的职业病危害因素日常监测,并确保监测系统处于正常运行状态;工作场所职业病危害因素必须符合国家职业卫生标准和卫生要求,否则必须停止作业并采取相应的治理措施,符合标准要求后方可重新作业;定期对工作场所进行职业病危害因素检测、评价。检测、评价结果存入用人单位职业卫生档案,定期向所在地安全生产监督管理部门报告并向劳动者公布。

3. 作业场所职业卫生管理

生产经营单位必须采用有效的职业病防护设施,并为劳动者提供个人使用的职业病防护用品;对可能发生急性职业损伤的有毒、有害工作场所,用人单位应当设置报警装置,配置现场急救用品、冲洗设备、应急撤离通道和必要的泄险区;对放射工作场所和放射性同位素的运输、储存,用人单位必须配置防护设备和报警装置,保证接触放射线的工作人员佩戴个人剂量计。

对职业病防护设备、应急救援设施和个人使用的职业病防护用品,用人单位应当进行经常性的维护、检修,定期检测其性能和效果,确保其处于正常状态,不得擅自拆除或者停止使用。

4. 生产经营单位的告知义务

应当在醒目位置公布有关职业病防治的规章制度、操作规程、职业病危害事故应急救援措施和工作场所职业病危害因素检测结果;订立劳动合同(含聘用合同,下同)时,应当将工作过程中可能产生的职业病危害及其后果、职业病防护措施和待遇等如实告知劳动者,并在劳动合同中写明,不得隐瞒或者欺骗;将从业人员在上岗前、在岗期间和离岗时的职业健康检查结果书面告知劳动者。

5. 职业健康监护

生产经营单位应当对劳动者进行上岗前的职业卫生培训和在

岗期间的定期职业卫生培训,普及职业卫生知识,督促劳动者遵守职业病防治法律、法规、规章和操作规程,指导劳动者正确使用职业病防护设备和个人使用的职业病防护用品;对从事接触职业病危害的作业的劳动者,应按照规定组织上岗前、在岗期间和离岗时的职业健康检查;不得安排未经上岗前职业健康检查的劳动者从事接触职业病危害的作业;不得安排有职业禁忌的劳动者从事其所禁忌的作业;对在职业健康检查中发现有与所从事的职业相关的健康损害的劳动者,应当调离原工作岗位,并妥善安置;对未进行离岗前职业健康检查的劳动者不得解除或者终止与其订立的劳动合同;应当为劳动者建立职业健康监护档案,并按照规定的期限妥善保存;劳动者离开用人单位时,有权索取本人职业健康监护档案复印件,用人单位应当如实、无偿提供,并在所提供的复印件上签章;不得安排未成年工从事接触职业病危害的作业;不得安排孕期、哺乳期的女职工从事对本人和胎儿、婴儿有危害的作业。

6. 劳动者享有职业卫生保护权利

劳动者享有下列职业卫生保护权利:①获得职业卫生教育、培训;②获得职业健康检查、职业病诊疗、康复等职业病防治服务;③了解工作场所产生或者可能产生的职业病危害因素、危害后果和应当采取的职业病防护措施;④要求用人单位提供符合防治职业病要求的职业病防护设施和个人使用的职业病防护用品,改善工作条件;⑤对违反职业病防治法律、法规以及危及生命健康的行为提出批评、检举和控告;⑥拒绝违章指挥和强令进行没有职业病防护措施的作业;⑦参与用人单位职业卫生工作的民主管理,对职业病防治工作提出意见和建议。

三、职业病诊断与职业病病人保障

生产经营单位应当如实提供职业病诊断、鉴定所需的劳动者职业史和职业病危害接触史、工作场所职业病危害因素检测结果等资料;劳动者和有关机构也应当提供与职业病诊断、鉴定有关的资料。

劳动者无法提供由生产经营单位掌握管理的与仲裁主张有关的证据的,仲裁庭应当要求生产经营单位在指定期限内提供;生产经营单位在指定期限内不提供的,应当承担不利后果。

生产经营单位和医疗卫生机构发现职业病病人或者疑似职业病病人时,应当及时向所在地卫生行政部门和安全生产监督管理部门报告;确诊为职业病的,用人单位还应当向所在地劳动保障行政部门报告。

生产经营单位应当及时安排对疑似职业病病人进行诊断;在疑似职业病病人诊断或者医学观察期间,不得解除或者终止与其订立的劳动合同;疑似职业病病人在诊断、医学观察期间的费用,由生产经营单位承担;应当保障职业病病人依法享受国家规定的职业病待遇;应当按照国家有关规定,安排职业病病人进行治疗、康复和定期检查;对不适宜继续从事原工作的职业病病人,应当调离原岗位,并妥善安置;对从事接触职业病危害的作业的劳动者,应当给予适当的岗位津贴。

职业病病人的诊疗、康复费用,伤残以及丧失劳动能力的职业病病人的社会保障,按照国家有关工伤保险的规定执行;职业病病人除依法享有工伤保险外,依照有关民事法律,尚有获得赔偿的权利的,有权向生产经营单位提出赔偿要求;劳动者被诊断患有职业病,但生产经营单位没有依法参加工伤保险的,其医疗和生活保障由该用人单位承担。

● 相关链接

2014年10月31日,国家卫生和计划生育委员会发布并实施《职业病诊断通则》(GBZ/T 265—2014),规定了职业病诊断的基本原则和通用要求,用以指导国家公布的《职业病分类和目录》中职业病的诊断。

国家安全监管总局制定了《用人单位职业病危害告知与警示标

识管理规范》,于 2014 年 11 月 13 日公布,目的是规范用人单位职业病危害告知和警示标识管理工作,预防和控制职业病危害,保障劳动者职业健康。

第四节　尘肺防护基本知识

一、尘肺病基本情况

尘肺病是在职业活动中由于长期吸入生产性粉尘并在肺内滞留而引起以肺组织弥漫性纤维化为主的全身性疾病。

我国《职业病分类和目录》规定的职业病名单中列出的法定尘肺病有 13 种(详见第一节《职业病分类和目录》)。我国以往的职业病专项调查数据和十几年来卫生部公布的职业病报告数据都表明,矽肺和煤工尘肺一直是我国最主要的尘肺病,两者占报告尘肺病例总数的 90% 左右。

尘肺病目前尚无特效治疗药及根治办法,主要是综合治疗,即在用药治疗的同时积极预防并发症,增强营养,生活规律化,进行适当的体育锻炼。我国多年来研究的一些尘肺病治疗药物,在临床试用中观察到可以减轻症状、延缓病情进展,但确切疗效尚有待继续观察和评估。

尘肺病预防的关键在于最大限度地防止有害粉尘的吸入,只要措施得当,尘肺病是完全可以预防的。

二、尘肺病的临床表现

尘肺病人的临床表现主要有咳嗽、咳痰、胸痛、呼吸困难四大症状,此外一些病人伴有喘息、咯血以及某些全身症状。

早期尘肺病人咳嗽不明显,但随着病程的进展,咳嗽明显加重。特别是合并慢性支气管炎或合并肺部感染者,咳嗽非常严重。吸烟病人咳嗽较不吸烟者明显。

尘肺病人即使在咳嗽很少的情况下,也会有咳痰。煤工尘肺病人痰多为黑色,其中可明显地看到有煤尘颗粒。如合并肺内感染及慢性支气管炎,痰量则明显增多,痰呈黄色黏稠状或块状,常不易咳出。

几乎每个尘肺病人或轻或重伴有胸痛,其中可能以矽肺和石棉肺病人更多见。胸痛的部位不固定,多为局限性;疼痛性质多不严重,一般为隐痛、胀痛、针刺样痛等。

呼吸困难和病情的严重程度相关。肺部合并症的发生可明显加重呼吸困难的程度和发展速度,并可累及心脏,发生肺源性心脏病。

三、尘肺的防护

(1)在煤矿、金属和非金属矿山大力推广包括湿式凿岩、喷雾洒水等措施在内的综合防尘措施。

(2)改革工艺,革新生产设备。如在铸造业中改用不含二氧化矽的型砂,使粉尘的危害明显减轻。

(3)采用湿式碾磨石英、耐火材料。

(4)对不能采取湿式作业的场所,应采用密闭抽风除尘的办法,防止粉尘飞扬。如石粉、玻璃拌料等行业提倡湿式作业,滑石粉和谷物加工等行业采用密闭除尘等防尘措施。

(5)佩戴防尘护具,可选择轻而透气性好、滤尘率高的软性泡沫塑料口罩,或送风式橡皮口罩。若粉尘浓度很高(如喷砂作业),则应佩戴送风式头盔。

(6)就业前的体检及定期体检,脱离粉尘作业时还应做脱尘作业检查。检查内容主要为 X 光胸片。

(7)卫生人员应定期测定工作场所空气中的粉尘浓度。对有机粉尘引起的病患也应及时做好防治工作,预防反复发作。

另外,若作业场所的粉尘浓度超过国家卫生标准,又未积极治理,严重影响职工安全健康时,职工有权拒绝操作。

温馨提示

国家经贸委 2000 年印发的《劳动防护用品配备标准（试行）》中明确要求，"纱布口罩不得作防尘口罩使用"。因为一般的棉纱口罩只能挡住部分粉尘，其阻尘原理是机械式过滤，也就是当粉尘冲撞到纱布时，经过一层层的阻隔，将一些大颗粒粉尘阻隔在纱布中。但对一些微细粉尘，尤其是小于 5 微米的粉尘，就会从纱布的网眼中穿过去，进入呼吸系统，而 5 微米以下的粉尘能直接进入肺泡，对人体健康造成的影响最大，多戴几层也不会增强防护效果。因此，棉纱口罩无法起到防尘作用。

相关链接

《用人单位职业病危害防治八条规定》（安监总局令第 76 号）：

（1）必须建立健全职业病危害防治责任制，严禁责任不落实违法违规生产。

（2）必须保证工作场所符合职业卫生要求，严禁在职业病危害超标环境中作业。

（3）必须设置职业病防护设施并保证有效运行，严禁不设置不使用。

（4）必须为劳动者配备符合要求的防护用品，严禁配发假冒伪劣防护用品。

（5）必须在工作场所与作业岗位设置警示标识和告知卡，严禁隐瞒职业病危害。

（6）必须定期进行职业病危害检测，严禁弄虚作假或少检漏检。

（7）必须对劳动者进行职业卫生培训，严禁不培训或培训不合格上岗。

（8）必须组织劳动者职业健康检查并建立监护档案，严禁不体检不建档。

第五节　职业中毒防护基本知识

职业中毒是指劳动者在生产劳动过程中由于接触生产性毒物而引起的中毒。

生产性毒物可以以固体、液体、气体或气溶胶(粉尘、烟及雾的统称)的形态存在。在生产条件下毒物主要经呼吸道、皮肤进入人体,亦可经消化道进入人体。呈气体、蒸气、气溶胶状态的毒物可经呼吸道进入人体内;某些脂溶性毒物能透过皮肤表皮屏障进入人体;生产性毒物经消化道进入人体的,一般为固体或粉末,往往是由于个人卫生习惯不好等造成的。进入体内的毒物可以经过肾脏、呼吸道、消化道等排出,也可以在体内蓄积,并相对地集中于某些部位,对这些部位产生毒作用。

由于生产性毒物的毒性、接触时间和接触浓度、个体差异等因素的不同,职业中毒可分为三种类型:急性中毒、慢性中毒、亚急性中毒。

急性职业中毒主要发生在化工、煤炭、冶金行业;慢性职业中毒主要发生在有色金属业、化工业、电子业、冶金业。工业中常见的有毒物质主要有铅、汞、锰、一氧化碳、砷、氯、氰化物和苯等。下面详细介绍这几种毒物的危害和预防措施。

一、铅中毒

1. 铅中毒的危害

铅及其化合物都具有一定的毒性,进入机体后对神经、消化、泌尿、循环和内分泌等多个系统产生危害。目前常见的铅中毒大多属于轻度慢性铅中毒,主要病变是铅对体内金属离子和酶系统产生影响,引起植物神经功能紊乱、贫血、免疫力低下等。铅中毒会对人体很多脏器产生影响,其表现包括恶心、呕吐、食欲不振、腹胀、便秘、便血、腹绞痛、眩晕、烦躁不安、失眠、嗜睡、易激动、面色苍白、心悸、气短、腰痛、水肿、蛋白尿、血尿、管型尿,严重者还可出现肾衰竭。若孕妇在怀孕期间不慎铅中毒,还会造成流产、死胎或畸形儿的后果。

交警、司机以及工作在铅冶炼、蓄电池、油漆、颜料、塑料、印刷、石油、化工、电子等行业的工作人员是易受铅污染危害的人群。

2.预防铅中毒的措施

(1)用无毒物质或者低毒物质代替铅。

(2)加强通风和烟尘的回收来降低空气中的铅浓度。

(3)定期测定车间空气中的铅浓度。

(4)加强个人防护,建立定期检查制度。如作业人员必须穿工作服、带过滤式防尘口罩;严禁在车间内吸烟、进食;工作中途吃东西或喝水必须洗手、洗脸及漱口,严禁穿工作服进食堂、出厂。

(5)定期检修设备。

二、汞中毒

1.汞中毒的危害

汞是一种具有严重生理毒性的化学物质。它可以通过呼吸道、食道和皮肤进入人的体内,人体内吸收过量的汞会引起汞中毒。环境中任何形态的汞均可在一定条件下转化成剧毒的甲基汞。甲基汞进入人体后主要侵害人的神经系统,尤其是中枢神经系统,甲基汞可以穿过胎盘屏障侵害胎儿,使新生儿发生先天性疾病。汞污染还可导致心脏病、高血压等心血管疾病,并可影响人的肝、甲状腺和皮肤功能。

接触汞的作业有:汞矿开采、冶炼与成品加工;仪表制造、维修或使用;电气材料制造和维修;化工氯碱生产中汞作催化剂;用汞齐法提取金、银;用金汞齐镀金和镏金;雷汞作起爆剂等。

2.预防汞中毒的措施

(1)改进工艺或改用代用品,含汞的装置要尽量密闭。

(2)工作场所室温不能过高,以减少汞的蒸发,加强通风排毒。

（3）车间的地面、操作台等处宜用不吸附汞的光滑材料。操作台和地面应有一定的倾斜度，以便清扫和冲洗。操作台底部应有储水的汞吸收槽。

（4）加强个人防护。车间内汞浓度较高时，应戴防毒口罩或用2.5%～10%碘处理过的活性炭口罩；上班时穿工作服和戴工作帽，离开车间应脱去工作服和工作帽；下班后应沐浴更衣。

（5）应定期监测空气中的汞的浓度，及时了解工人接触汞的程度和环境状况。

（6）应定期对工人进行职业健康监护，早期发现患者及时处理。

三、锰中毒

1. 锰中毒的危害

吸入高浓度的高锰酸钾尘后可出现呼吸道黏膜刺激症状，吸入大量新生的氧化锰数小时内可发生"金属烟热"。慢性锰中毒，轻度中毒发病时症状为嗜睡、失眠、头痛、乏力等；中度中毒除有轻度中毒的症状以外还有举止缓慢、易跌倒、口吃等症状；重度中毒的症状有动作缓慢笨拙、语言含糊不清、走路身体前倾、不由自主地哭笑、智力下降等。

易发生锰中毒的作业有：锰矿开采、运输和加工，用锰焊条电焊，制造锰铜、铝锰等合金，油漆、染料、陶瓷、火柴、化肥和防腐剂等行业。

2. 预防锰中毒的措施

（1）加强通风除尘，避免二次扬尘。

（2）采用湿法采矿，湿法或密闭粉碎。

（3）焊接作业尽量采用无锰焊条；用自动电焊代替手工电焊。

（4）手工电焊时最好使用局部机械抽风吸尘装置。

（5）接触锰作业要采取防尘措施，必须戴防毒口罩。

（6）工作场所禁止吸烟、进食，工作后淋浴更衣。

（7）定期体检。

四、一氧化碳中毒

1. 一氧化碳中毒的危害

一氧化碳轻度中毒时会使人头痛、眩晕、胸闷、恶心、呕吐、耳鸣等,若吸入过量的一氧化碳会使人意识模糊、大小便失禁,乃至昏迷、死亡。

接触一氧化碳的作业有:炼钢、炼铁、炼焦,采矿业,铸造、锻造车间,以一氧化碳为原料的化工制造业,接触窑炉、煤气发生器和煤气炉的作业。

2. 预防一氧化碳中毒的措施

(1)冬天室内生煤炉取暖必须使用烟囱,使"煤气"能够顺利排到室外。

(2)经常监测一氧化碳浓度变化。

(3)定期检修煤气发生炉和管道及煤气水封设备。

(4)产生一氧化碳的生产过程要加强密闭通风;矿井放炮后必须通风 20 分钟以后,方可进入生产现场。

(5)进入危险区工作时,须戴防毒面具;操作后,应立即离开,并适当休息;作业时最好多人同时工作,便于发生意外时自救、互救。

五、砷中毒

1. 砷中毒的危害

砷的氧化物和盐类大部分属于高毒物质,砷化氢属于剧毒物。砷化氢急性中毒的症状有头痛、全身无力、腰痛、中毒黄疸和贫血,严重者会高热、昏迷,皮肤为古铜色,甚至可因急性心衰或尿毒死亡。砷化物慢性中毒的危害有:多发性神经炎、胃肠道症状或肝脏损害等。

接触砷及其化学物的行业有:冶炼夹杂砷化物矿石的作业;生产和使用含砷农药的作业;生产和使用含砷颜料的作业;酸处理含

砷金属制品等行业。

2. 预防砷中毒的措施

(1)加强通风除尘。

(2)进食前要漱口、洗脸、洗手;下班淋浴,更换清洁衣服、鞋、袜。

(3)使用专用防毒口罩、紧口工作服等。

(4)定期检查身体,发现中毒,及时治疗。

(5)患有砷职业禁忌症者不应从事接触砷及其化合物的作业。

六、氯中毒

1. 氯中毒的危害

氯中毒,若浓度低时,只对眼和上呼吸道有灼伤和刺激作用;浓度高时会引起迷走神经反射性心搏骤停而出现"电击样"死亡。

接触氯的作业有:氯气储运,以氯为原料生产氯化合物,颜料业,制药业,造纸、印染工业,冶金工业等。

2. 预防氯中毒的方法

(1)严格遵守安全操作规程,防止跑、冒、滴、漏,保持管道负压。

(2)要经常检修设备和管道,以防止氯气的强腐蚀作用;储存液氯的钢瓶在灌注前要仔细检查,防止泄漏。

(3)含氯废气须经石灰净化再排放。

(4)作业、检修或现场抢救时必须戴防护面具。

(5)使用液氯的场所要通风良好,最高温度不能超过 40℃,禁止液氯气瓶放置露天使用。

(6)氯气生产、使用、运输、储存等现场应配备有效的防护用具和消防器材等。

(7)工作现场禁止吸烟、进食和饮水;工作后淋浴更衣。

七、氰化物中毒

1. 氰化物中毒的危害

氰化物急性中毒表现为眼及呼吸道刺激、恶心、心慌、神志模糊、痉挛、感觉消失直至死亡。氰化物慢性中毒表现为神经衰弱综合征、运动肌肉酸痛和心跳徐缓、肝脾肿大等。

接触氰化物的作业有:电镀、金属表面渗碳及摄影,从矿石中提炼贵重金属,氰化物、活性染料制造业,制造塑料、高级油漆、有机玻璃、人造羊毛、合成橡胶等。

2. 预防氰化物中毒的措施

(1)加强密闭通风。

(2)生产车间须设有急性中毒急救箱,操作人员要熟练掌握现场抢救。

(3)生产车间内严禁吸烟,饮水、饭前洗手,工作完毕后淋浴、换衣,被毒物污染的衣物要单独存放。

(4)就业前要进行体检,工人要定期进行体检。

八、苯中毒

1. 苯中毒的危害

急性苯中毒主要表现为神经系统症状和呼吸系统症状,轻者出现头晕、头痛、酒醉感、走路不稳、咽干、咽痛以及咳嗽等,严重者可出现昏迷、抽搐、谵妄(急性脑综合征)甚至死亡;慢性苯中毒以血液系统损害最为明显,可导致再生障碍性贫血、骨髓增生异常综合征和白血病等。

近年我国职业性苯中毒事故多发生在制鞋、箱包、玩具、电子、印刷、家具等行业,多由含苯的胶黏剂、天那水、硬化水、清洁剂、开油水、油漆等引起。此外,容易发生苯中毒的行业还有:以苯为化工原料生产香料、药物、合成纤维、合成橡胶、合成塑料、合成染料等行业的相关岗位;苯作溶剂和稀释剂等行业的相关岗位。

2. 预防苯中毒的措施

(1)加强宣传教育,使企业领导和工人充分认识苯的危害性和中毒的可防性。

(2)苯的制取及以苯为原料的工业,应尽量做到生产过程密闭化、自动化,防止管道跑、冒、滴、漏,生产车间应有良好的通风装备,加强透风。

(3)涂料行业尽可能用无毒或低毒物质代替苯作溶剂,改进喷漆作业方式,如静电喷漆、漫漆等。

(4)胶黏剂的溶剂尽量不用苯作溶剂,如用汽油或甲苯等毒性较低的溶剂。

(5)在无法免除高浓度苯存在的场所,如处理事故、检修管道时,必须佩戴有效的防毒口罩或送风面罩,以免毒气吸入。

(6)加强有毒场所空气中苯浓度检测,发现超标后,立刻处理。

(7)做好工人的健康监护,上岗前应进行体检,严格控制职业禁忌症,就业后应定期体检,发现问题及时调离,积极诊治。

🌑 相关链接

2002年3月,河北省高碑店市白沟镇发生务工人员苯中毒事件后,国务院领导高度重视。3月28日,由劳动保障部、国务院办公厅、公安部、卫生部等9个部门和有关专家组成的国务院调查工作组,赴河北省高碑店市对务工人员苯中毒事件进行调查。

高碑店市箱包生产始于1978年。近年来,以白沟镇为中心,带动周边乡镇,形成了全国最大的箱包集散地。全市现有各类箱包加工企业和加工户2099户,从事箱包加工的务工人员14000余人。高碑店市大多数个体作坊生产条件简陋,劳动保护条件差,没有采取必要的职业卫生防护和安全生产措施,一些作业场所有毒气体浓度高,作业人员未配备个人职业病防护用品,有的甚至让作业人员吃、住、工作在同一房间,长时间接触高浓度的有毒气体,导致急、慢性中毒甚至死亡。劳动用工不规范和胶黏剂生产销售市场混乱也是发生职业中毒或加重职业中毒的重要原因。一些企业主未与劳动者签订劳动合同或合同中未告知存在的职业病危害因素,超时劳动,有的企业和个体作坊使用未成年工从事有毒有害化学品作业。胶黏剂生产销售市场混乱,使用不符合国家卫生标准的高毒原料(如纯苯)生产胶黏剂,产品标签无产品成分、毒性及危害说明,非法生产经营胶黏剂,"三无"胶黏剂充斥市场。生产经营不规范,无照经营和偷税漏税严重。对发生苯中毒的作业场所进行生产现场模拟试验,共采集作业场所空气样品 16 个。检验结果表明:16 个样品中,有 10 个样品苯浓度超过国家卫生标准,最高达 2040 mg/m³(国家卫生标准为 40 mg/m³),超标 50 倍;4 个样品甲苯浓度超标,最高达 949 mg/m³(国家卫生标准为 100 mg/m³),超标 8.5 倍;16 个样品正己烷全部超标,最高达 85800 mg/m³(新颁布的国家卫生标准为 180 mg/m³),超标 475 倍。经卫生部、公安部多次组织专家诊断鉴定,共发现 25 名苯中毒人员,其中因苯中毒死亡 5 人。

2002 年 12 月 11 日《全国有毒有害化学品
专项整治工作领导小组》发布

第六节 噪声危害与防护基本知识

噪声是指环境中不需要的、令人厌烦的、杂乱无章的声音,它广泛存在于许多工业环境中,可对身体多个系统造成损伤。

一、噪声的危害

(1)损伤听力,危害健康。长期在高噪声场所工作,会使人耳痛、耳鸣、眼球震颤、头痛、头晕、心悸、烦躁、失眠、多梦、易疲乏、注意力不集中、听力下降等,严重时会导致噪声聋甚至听力丧失。

(2)噪声会影响生产过程中的语言交流。强噪声会影响人感觉和鉴别各种声音信号,掩蔽设备异常和事故初发期的声响,还会干扰工作人员之间的语言交流。

(3)在强噪声环境中工作,会使人注意力不集中,易烦躁,情绪易波动。

二、噪声的防护

(1)控制声源噪声。淘汰噪声超标的工艺设备;防止设备振动;加强润滑,降低摩擦噪声。

(2)控制噪声的传播途径。采取隔声、吸声、消声等措施。

(3)加强个体防护。工人在耳孔里塞上防声棉,或佩戴防噪耳塞、耳罩、防声帽盔等防噪声护具。

第七节 电磁辐射危害与防护基本知识

交流电路向周围空间放射电磁能,形成交流电磁场,交变的电磁场以一定速度在空间传播的过程称电磁辐射。

电磁辐射包括非电离辐射和电离辐射两大类。非电离辐射通常指无线电波、微波、红外线、紫外线、激光等;电离辐射是在通过物质时能引起物质电离的一切辐射的总称,它包括电磁波中的 X 射线及 α、β、γ 射线等。

在当今社会中,电磁辐射无处不在,无线电广播、电视、无线通信、卫星通信,无线电导航,雷达,微波中继站,电子计算机,高频淬火、焊接、熔炼,塑料热合、微波加热与干燥,短波与微波治疗,高压、超高压输电网、变电站等的广泛应用,虽然对社会的发展起了重要作用,但也使电磁辐射的危害日趋严重。

有较强电磁辐射的行业或作业有:①石油和天然气开采业;②有色金属矿采选业;③造纸和纸制品业;④射线探伤业;⑤辐射加工业;⑥核工业;⑦放射性核素及其制剂的生产、加工和使用;⑧射线发生器的生产、使用;⑨电气焊、熔吹玻璃和炼钢等作业。

一、电磁辐射的危害

1. 非电离辐射对人体的危害

(1)无线电波。较强大的无线电波对人体的主要影响是神经衰弱综合征,表现为头昏、失眠多梦、记忆力衰退、心悸、乏力、情绪不稳定等症状。它对人体影响程度取决于磁场强度、频率、作用时间长短以及作业人员身体状况。人一旦脱离电磁场作用,其症状将会逐渐缓解以至消除。

(2)微波。微波对人体的危害比中短波严重,其危害程度同样与场强、距离及照射时间等因素有关。人体各部位组织器官对微波的敏感性不同,其中以眼睛最为敏感,最易受伤害。微波对神经系统、心血管系统影响也较大。微波对人体的危害具有累积效应。

(3)红外线。红外线能引发眼睛白内障,灼伤视网膜。其危害在电气焊、熔吹玻璃、炼钢等作业工人中多有发生。

(4)紫外线。紫外线可引起急性角膜炎和皮肤红斑反应,电气焊作业人员易患电光性眼炎。

(5)激光。激光能烧伤生物组织,如灼伤视网膜及皮肤等。

2. 电离辐射对人体的危害

电离辐射又称放射线,是一切能引起物质电离辐射的总称;人体在短时间内受到大剂量电离辐射会引起急性放射病。长时间受超剂量照射将引起全身性疾病,出现头昏、乏力、食欲消退、脱发等神经衰弱症候群。受大剂量照射,不仅当时机体产生病变,而且照射停止后还会产生远期效应或遗传效应,如诱发癌症、后代患小儿痴呆症等。

电离辐射过量照射会导致人体发生各种类型和程度的损伤或疾病。这些损伤或疾病主要有:全身性放射性疾病,如急性或慢性放射病;局部放射性疾病,如急性或慢性放射性皮炎、放射性白内障等;放射性辐射造成的远期损伤,如放射线造成的白血病等。

放射性疾病是人体受各种电离辐射所致的损伤或疾病的总称。

职业性放射性疾病是用人单位的劳动者在职业活动中,因接触放射性物质,意外受到辐射损伤而引起的疾病。

我国法定的职业病名录中列入了 11 种职业性放射性疾病,包括外照射急性放射病、外照射亚急性放射病、外照射慢性放射病、内照射放射病、放射性皮肤疾病、放射性肿瘤、放射性骨损伤、放射性甲状腺疾病、放射性性腺疾病、放射性复合伤、根据《职业性放射性疾病诊断标准(总则)》可以诊断的其他放射性损伤。

二、电磁辐射的防护

1. 非电离辐射的防护

(1)对高频电磁场的防护,可以用铝、铜、铁等金属屏蔽材料来包围场源以吸收或反射场能。

(2)对微波的防护,通常是敷设微波吸收器。同时,根据微波发射具有方向性的特点,作业人员的工作位置应尽量避开辐射流的正前方。

(3)对激光的防护,应将激光束的防光罩与光束制动阀及放大系统截断器连锁。同时,激光操作间采光照明要好,工作台表面及室内四壁应用深色材料装饰而成,室内不宜放置反射、折射光束的设备和物品。

2. 电离辐射的防护

(1)凡是接触电离辐射的新工人,一定要加强放射卫生防护的上岗培训。

(2)在保证应用效果的前提下,尽量选用危害小的辐射源或者封隔辐射源,提高接收设备灵敏度以减少辐射源的用量。

(3)采取包围屏蔽、加大接触距离、缩短接触时间等技术措施预防外照射危害。

(4)采用净化作业场所空气等办法,尽量减少或杜绝放射性物质进入人体内避免造成内照射危害。

(5)佩戴并正确使用防护用品,比如穿铜丝网制成的防护服、戴防护眼罩等。

第四章　现场紧急救护与紧急处置基本知识

第一节　现场紧急救护的基本方法

一、现场急救的原则

如果身处事故发生现场,首先要保持镇定,不要慌乱,并设法维护好现场秩序。

在确认周围环境不危及生命的情况下,一般不要随便搬动伤员。

如果发生意外而现场无人时,应向周围大声呼救,请求来人帮助或设法联系有关部门,不要单独留下伤员而无人照管。

如果发生严重事故、灾害或者中毒时,除紧急呼叫外,应立即向当地政府安全生产监督管理部门及卫生、防疫、公安等部门报告,报告事故发生地点、伤员人数、伤情以及处置方法等。

伤员较多时,应根据病情对伤员分类抢救,处理原则是先重后轻、先急后缓、先近后远。

对伤情稳定、估计转运途中不会加重病情的伤员,迅速转移至附近医疗机构。

现场急救必须服从有关现场指挥的统一指挥,不可各自为政。

🔴 **温馨提示**

现场急救目的:最大限度地降低死亡率和伤残率,提高伤者愈后的生存质量。

现场急救原则:快抢、快救、快送,即"三快"。

二、现场急救应采取的初步措施

现场处理的首要任务是抢救生命、减少伤员痛苦、减少和预防伤情加重及发生并发症，正确而迅速地把伤病员转送到医院。

（1）报警。一旦发生人员伤亡和事故，不要惊慌失措，马上拨打急救电话（必要时同时拨打报警电话）。

（2）对伤病员进行初步处理。初步检查病人神志、呼吸、血压、脉搏等生命体征，并随时观察它们的变化，5分钟观察一次。

必须保持病人的正确体位，切勿随便推动或搬运病人，以免病情加重；昏迷、发生呕吐的病人头侧向一边；脑外伤、昏迷病人不要抱着头乱晃；高空坠落伤者，不要随便搬头抱脚移动；哮喘发作或发生呼吸困难的病人取半卧位。

采取相应的措施进行初步急救：将病人移到安全、易于救护的地方（如将煤气中毒病人移到通风处；将摔倒在卫生间的脑中风病人移出来）；选择病人合适的体位，安静卧床休息；保持呼吸道通畅，已昏迷的病人，应将呕吐物、分泌物掏取出来或头侧向一边顺位引流出来；呼气道异物阻塞，运用腹部冲击法等急救手法，使异物排出来；心跳呼吸停止，及时进行心肺复苏术，即口对口人工呼吸和胸外心脏按压；采用安全可靠的药物口服，应尽量采用过去已用过的、证实无过敏反应的药物，记好药名、药量、服药时间，以便向医生陈述；外伤病人给予初步止血、包扎、固定。

温馨提示

现场急救的程序：①拨打120或当地急救电话；②迅速将伤者移至就近安全的地方；③快速对伤者进行分类；④先抢救危重者；⑤优先护送危重者。

三、现场创伤急救

1. 止血

指压法：用手指、手掌或拳头压迫伤部近心端表浅的动脉干,阻断动脉血流而止血。找准压迫点,将动脉压向骨骼方能有效。指压法是一种临时的紧急止血措施。例如,将颈总动脉压向第五颈椎横突,将肱动脉压在肱骨干上。此法仅能用于短时间控制动脉血流。应随即用其他止血法。

压迫包扎法：常用于一般的伤口出血。注意应将裹伤的无菌面贴向伤口,包扎要松紧适度。

加垫屈肢法：在肘、膝等侧加垫,屈曲肢体,再用三角巾等缚紧固定,可控制关节远侧流血。适用于四肢出血,但已有或疑有骨关节损伤者禁用。

填塞法：用于肌肉、骨端等渗血。先用1～2层厚的无菌纱布铺盖伤口,以纱布条、绷带等充填其中,外面加压包扎。此法的缺点是止血不够彻底,且增加感染机会。

止血带法：能有效地制止四肢出血。但用后可能引起或加重肢端坏死、急性肾功能不全等并发症,因此主要用于暂不能用其他方法控制的出血。使用止血带的注意事项:必须做出显著标志(如红色布条),注明和计算时间,优先护送伤员。连续阻断血流时间一般不得超过1小时,勿用绳索、电线等缚扎;用橡胶管(带)时应先在缚扎处垫上1～2层布;还可用帆布带或其他结实的布带。止血带位置应接近伤口(减少缺血组织范围);位于上臂的中间1/3部位不能上止血带,以免损伤桡神经。

2. 包扎

目的是保护伤口、减少污染、固定敷料和帮助止血。常用的材料是绷带和三角巾;抢救中也可将衣裤、巾单等裁开做包扎用。无论何种包扎法,均要求包好后固定,松紧适度。

绷带卷包扎法:有环行、螺旋反折包扎、"8"字形包扎。包扎时要掌握"三点一走行",即绷带的起点、止点、着力点(多在伤处)和走行方向顺序。

三角巾包扎法:三角巾制作较为方便,包扎时操作简捷,且能适应各个部位,但不便于加压,也不够牢固。

当发生利器刺入胸、腹部或肠管外脱事故时,不能随便处理,以免因出血过多或脏器严重感染而危及伤者的生命。

(1)已经刺入胸、腹部的利器,千万不要自己取出。应就近找东西固定利器,并立即将伤者送往医院。

(2)对腹部外伤者,若因腹部外伤造成肠管脱出体外,千万不要将脱出的肠管送回腹腔。应在脱出的肠管上覆盖消毒纱布或消毒布类,再用干净的碗或盆扣在伤口上,用绷带或布带固定,迅速送医院抢救。

(3)腹部外伤者应屈膝仰卧,安静休息,绝对禁食;如腹部外伤者有出血现象应立即止血;若呼吸、心跳停止,应立即对其进行心肺复苏。

(4)及时拨打报警求助电话。

3. 固定

骨关节损伤时均必须固定制动,以减轻疼痛、避免骨折片损伤血管和神经等,并能帮助防止休克。较重的软组织损伤,也宜将局部固定。固定前,应尽可能牵引伤肢和矫正畸形,然后将伤肢放到适当位置,固定于夹板或其他支架(可就地取材如用木板、竹竿、树枝等)。固定范围一般应包括骨折处较远和较近的两个关节,既要牢靠稳定,又不可过紧。急救中如缺乏固定材料,可施行自体固定法。如将受伤的上肢缚在胸廓上,或将受伤的下肢固定于健全的下肢上。

4. 搬运

在进行现场检查伤员伤情时,必须先将伤员转移到安全地带,然后进行初步急救处理。待急救处理后,应立即送到就近医疗机构做进一步治疗。在搬动过程中,必须要保护好伤员各部位,保持伤员身体呈直线,以防搬运转送时再次损伤。头部损伤、大腿、小腿、骨盆骨折或背部受伤的伤员不能坐着被搬运转送。搬运转送伤员时，要根据伤员的具体情况，选择合适的搬运方式和工具。

特别提示：脊柱骨折者由于脊柱处于不稳定状态，搬运需要特别小心。无论紧急移动还是长距离搬运，都必须讲究体位和方式，否则会造成瘫痪甚至致命。不能用背负式和托、抱式，否则加重病情。图4-1的两种搬运方式都是错误的操作。

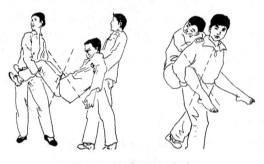

图4-1　错误的搬运方式

● 相关链接

一位务工人员因施工不慎，从脚手架上掉了下来。当时他的伤势虽然较重，但手脚还可以动，只是站不起来。后来工友们七手八脚地把他扶了起来，他突然感到下身像触电般的难受。此后他的下半身就再也没有感觉了。工友们的不正确搬动使他在轮椅上度过余生。经验证明，颈椎部位的骨折，一般会使患者的颈部僵硬。若对患者随意搬动，可使其脊髓受压，进而会使患者四肢的功能丧失，甚至会造成高位截瘫。对胸腰部脊柱骨折患者进行不恰当的搬运，可损伤其腰脊髓神经而造成其下肢瘫痪。正确的方法是：如果怀疑受伤者可能有脊柱骨折，比如局部疼痛剧烈、自我感觉有骨骼折断的声音等，应该就地固定受伤部位，或者由两人或多人用木板床搬运患者。不可随意移动患者或按摩受伤部位。

四、心肺复苏法

1. 心肺复苏(CPR)的意义

当人突然发生心跳、呼吸停止时,必须在4～8分钟内建立基础生命维持,保证人体重要脏器的基本血氧供应,直到建立高级生命维持或自身心跳、呼吸恢复为止,其具体操作即心肺复苏。

对于心跳、呼吸骤停患者,通常4分钟内进行心肺复苏,有32%的概率能救活,4分钟以后再进行心肺复苏,只有17%的概率能救活。

猝死的诊断:病人意识突然丧失,昏迷、抽搐;心音无,大动脉无;心跳呼吸停止;面色苍白或紫绀,瞳孔散大;心电图呈一条直线、心室颤动和心脏电-机械分离。

2. 心肺复苏(CPR)要点

(1)发现病人倒地,确认现场是否存在危险因素,以免影响救治。

(2)判断病人意识(注意做到轻拍重唤),如无反应,立即呼救并请求他人拨电话,与急救医疗救护系统联系。如现场只有一个抢救者,则先进行1分钟的现场心肺复苏后,再联系求救。

(3)立即将病人转移到平坦地面,使病人平卧,触摸颈动脉,如未触及立即施行胸外心脏按压。

(4)按压30次后立即开放气道,进行口对口人工呼吸;人工呼吸与胸外心脏按压比例为2∶30;单纯进行胸外心脏按压时,每分钟频率为100～120次;有条件的要及早实施体外除颤。

3. 心肺复苏(CPR)步骤

最新心肺复苏(CPR)指南重新安排了CPR传统的三个步骤,从原来的"A-B-C"改为"C-A-B",即胸外心脏按压—保持气道通畅—人工呼吸。这一改变适用于成人、儿童和婴儿,但不包括新生儿。

(1)C(即胸外心脏按压)

人工循环的基本技术是胸外心脏按压。在心脏停止跳动后,用胸外心脏按压的方法使得心脏被动射血,以带动血液循环。只要判断心脏停止跳动,应立即进行人工呼吸和胸外心脏按压。

按压位置:施救者双肩正对人胸骨上方,先将一只手的中指定位于双侧肋弓汇合点(胸骨中、下 1/3 交界处,即肋弓凹陷处),并将食指与中指合并,将另一只手的手掌贴近第一只手的食指。男性伤病员的按压区可选择乳头连线与胸骨垂直交叉点下方一横指。

按压方法:按压时双手手心均朝下,双手重叠,掌根对齐,十指相扣,下面的手掌掌心和手指跷起,避免按压时损伤胸壁。腕、肘、肩上下垂直,身体上半身前倾,以上半身的力量着力在掌根上,垂直向下用掌根按压,下压深度为 5~6 厘米,按压频率为每分钟 100~120 次。按压时要平稳,尽量连续按压不中断,有节奏地一压一松,按压与放松的时间大致相等,每次抬起时,掌根尽量不要离开胸壁,以防错位。施救者要避免在按压间隙倚靠在患者胸上,以便每次按压后使胸廓充分回弹。按压时不要用力过猛,以防肋骨骨折或内脏损伤。如图 4-2 所示。

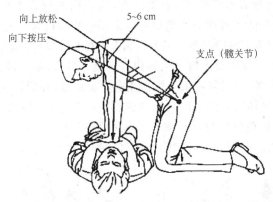

图 4-2 胸外心脏按压

(2)A(即保持气道通畅)

可以轻拍病人面部或肩部,并大声喊叫名字或其他称呼。

如果没有反应,说明意识已丧失,可用手指掐其人中,同时立即高声呼救,呼唤其他人前来帮助救人,并尽快拨打急救电话120或附近医院电话。

使病人去枕后仰于地面或硬板床上,解开衣领及裤带。

畅通呼吸通道,清理口腔、鼻腔异物或分泌物,如有假牙一并清除、畅通气道。只有气道畅通后,人工呼吸提供的氧气才能到达肺部,人的脑组织以及其他重要器官才能得到氧气供应。

开放气道手法:仰面抬颌法、仰面抬颈法、托下颌法。

仰面抬颌法要领:用一只手按压伤病者的前额,使头部后仰,同时用另一只手的食指及中指将下颌托起。见图4-3。

（3）B(即人工呼吸)

人工呼吸就是用人工的方法帮助病人呼吸,是心肺复苏基本技术之一。开放气

图4-3 仰面抬颌

道后要马上检查有无呼吸,如果没有,应立即进行人工呼吸。最常见、最方便的人工呼吸方法是口对口人工呼吸和口对鼻人工呼吸。

口对口人工呼吸时要一只手将病人的鼻孔捏紧(防止吹气气体从鼻孔排出而不能由口腔进入到肺内),深吸一口气,屏气,用口唇严密地包住昏迷者的口唇(不留空隙),注意不要漏气,在保持气道畅通的操作下,将气体吹入病人的口腔到肺部。吹气后,口唇离开,并松开捏鼻的手指,使气体呼出。观察病人的胸部有无起伏,如果吹气时胸部抬起,说明气道畅通,口对口吹气的操作正确。见图4-4。

图4-4 口对口人工呼吸

口对鼻人工呼吸与口对口人工呼吸类似,一般用于婴幼儿和口腔外伤者。

4. 心肺复苏终止指标

病人已恢复自主呼吸和心跳;确定病人已死亡;心肺复苏进行30分钟以上,检查病人仍无反应、无呼吸、无脉搏、瞳孔无回缩。

● **相关链接**

《心肺复苏与心血管急救指南》(2015版)已经公开发表,该指南框架结构与《心肺复苏与心血管急救指南》(2010版)基本相似。该指南重新安排了 CPR 传统的三个步骤,从原来的 A-B-C 改为 C-A-B。这一改变适用于成人、儿童和婴儿,但不包括新生儿。

第二节　窒息或有毒气体中毒急救

一、工矿企业窒息或有毒气体中毒急救

发生了瓦斯、煤尘爆炸或火灾事故后,会产生大量一氧化碳,使人中毒。井下发生煤与瓦斯突出,高浓度的瓦斯充满巷道,或者在透水以后,积水区内的有害气体涌入巷道,这时也会造成人员中毒或窒息。在生活中也经常发生煤气中毒事故。发现有人发生有害气体中毒或窒息时,要按照下述方法进行抢救:

(1)迅速把受难者抬到新鲜风流和周围支架完好安全的地方。在搬运途中,如仍受到有害气体威胁,急救者一定要戴好自救器。给被救人员也要戴好自救器。

(2)如果是一氧化碳中毒,中毒者还没有停止呼吸或呼吸虽已停止但心脏还有跳动,要立即给中毒者闻氨水解毒,并解开中毒者的衣服,搓擦他的皮肤,使他温暖以后,立即进行人工呼吸。如果心跳也停止了,就要迅速进行体外心脏按压,同时进行人工呼吸。

(3)如果是硫化氢中毒,在进行人工呼吸以前,要用浸透食盐溶

液的棉花和手帕盖住他的口鼻。

(4)如果是因瓦斯或二氧化碳窒息,在不严重的情况下,只要把中毒者抬到新鲜风流中稍作休息后,就会苏醒。假如窒息时间较长,就要进行人工呼吸。在进行人工呼吸前,先要搓擦他的皮肤。

(5)若发生煤气中毒事故,应立即关闭煤气开关,打开门窗通风;煤气异味散去之前,勿开启或关闭任何电源开关,以免产生火花引起火灾。尽快让中毒者离开中毒环境并使其处于新鲜空气中,解开束缚,使其呼吸道畅通,让中毒者安静休息,避免活动后加重心、肺负担及增加氧的消耗量。视情况对中毒者施行心肺复苏。

(6)在救护中,急救人员一定要动作迅速。在进行急救的同时,可拨打电话请求医护人员的援助。

二、生活中中毒急救

生活中的急性中毒包括食物中毒、农药中毒、药物中毒等。在救助过程中,要注意收集剩余的呕吐物、尿、粪便等,便于医院经化验对症救治。

中毒现场急救注意事项:

(1)出现食物中毒症状或者误食化学品时,应及时用筷子或手指伸向喉咙深处刺激咽后壁、舌根进行催吐。昏迷、抽风以及误服汽油、煤油、腐蚀性毒物中毒的不能用催吐的方法。

(2)如果患者吸入了有毒物质,应将其搬运到空气流通的地方,解开领扣、腰带,把头偏向一侧,保持呼吸道畅通。呼吸停止的应进行人工呼吸。

(3)如果是皮肤黏膜沾染毒物,应立即用大量清水彻底冲洗,沾染毒物的衣物要及时脱去。不能用热水冲洗皮肤,冲洗时间为15～30分钟。

(4)如果发生煤气中毒,立即使病人脱离中毒环境,开窗通风并注意为病人保暖;病人需安静休息,尽量减少心肺负担和耗氧量,要让有自主呼吸能力的病人充分吸入氧气;对呼吸心跳停止的病人,应立即采取心肺复苏法;送到有高压氧舱的医院,使病人尽早接受高压氧舱治疗,以减少后遗症。

(5)如果发生农药中毒,立即切断毒源,使中毒人员脱离中毒现场;脱去被污染的衣裤,用微温的肥皂水、稀释碱水反复冲洗体表10分钟以上(注意:敌百虫中毒时,不能使用碱性液体);对昏迷的病人,应立即送医院洗胃;对神智清醒的中毒病人,需用筷子或手指刺激咽喉呕吐;昏迷病人出现频繁呕吐时,救护者要将他的头放低,使其口部偏向一侧,以防止呕吐物阻塞呼吸道引起窒息。

特别提示:不管哪种中毒方式,在现场急救的同时应通知并转送专业医疗机构进行专业救治;在对中毒人员进行人工呼吸时,应注意施救者的自身安全,以免施救者中毒。

🔴 事故案例

2011年9月28日,四川某食品厂购进一批大头菜(芽菜原材料),洗菜组工人按照惯例将大头菜存放到腌渍池,在存放满1号、2号腌渍池后还剩有大头菜,需要用4号腌渍池继续存放,因4号腌渍池近半年未使用,里面有1.9米左右深的积水,洗菜组工人胡某提来潜水泵(管径3厘米),接通电源抽水。当抽到池底剩余5厘米左右积水时,潜水泵无法再抽,于是胡某到操作间外,对正在和其他工人一起卸大头菜的吕某(洗菜组组长)问:“剩下的水抽不起来,打不打扫?”吕某回答说:“没水就先断电,等把大头菜卸完了再安排人和你一起清洗。”胡某“哦”了一声就离开了。17时30分左右大头菜卸完,吕某到操作间看到4号池抽水的情况,第一眼没有看见胡某,又仔细看了一下,发现胡某倒在池底的积水中,吕某以为胡某触电了,回头看潜水泵电源插头是拔掉的,又以为是摔倒的,就喊“救命”,听到吕某的喊声后,在厂区院内的驾驶员任某、负责人任某燕以及其他工人都跑到操作间,任某燕就喊任某快下去救人,任某下到池底去拉胡某,拉了几下任某也倒了,任某燕还以为是触电,就忙去关电源,当返回时,发现工人周某也趴在池内竹梯上,自己顺着竹梯下去拉周某,刚下到竹梯的一半时感到全身发麻,几乎失去知觉,就努力向上爬,上来以后任某燕晕倒了。

事故直接原因:食品厂职工胡某,用潜水泵对 4 号腌渍池中的积水抽到剩余 5 厘米左右时,独自一人下到池底进行清洗作业时晕倒,任某、周某相继下到池内施救,因池内积聚高于国家标准的二氧化碳等有毒有害气体,导致三人中毒和缺氧窒息死亡。

事故间接原因:食品厂未认真落实企业安全生产主体责任,没有组织全厂职工学习安全生产法律法规、安全培训教育;未严格按照安全生产法律法规要求建立健全安全生产规章制度、安全生产操作规程、事故应急救援预案;对作业场所存在的危险有害因素辨识不清,未严格按照《劳动保护用品监督管理规定》为从业人员提供发放劳动防护用品。任某燕,食品厂负责人,未依法履行安全生产管理职责,建立适应安全生产工作需要的安全生产管理机构,配备安全生产管理人员;没有组织全厂职工学习安全法律法规;没有建立健全安全生产规章制度、安全生产操作规程、事故应急救援预案,安全生产管理混乱;没有依照国家和省的规定进行安全培训考核,取得统一的安全生产培训合格证书;安全工作只是平时口头打招呼,安全意识淡薄,盲目指挥员工施救。

第三节　溺水事故现场急救

溺水是指人淹没于水中,由于呼吸道被水、污泥、杂草等杂质阻塞,喉头、气管发生后射性痉挛,引起窒息和缺氧,称为溺水。口腔和鼻腔同时被水充满,氧气不能进入,水会继而被吸入肺内,患者最终因缺氧而死亡。

溺水时自救注意事项:

(1)不熟悉水性意外落水时,首先应保持镇静,千万不要手脚乱蹬或拼命挣扎,可避免水草缠绕,节省体力。

(2)除呼救外,落水后立即屏住呼吸,踢掉双鞋,然后放松肢体,当你感觉开始上浮时,尽可能地保持仰位,使头部后仰,使鼻部可露出水面呼吸,呼吸时尽量用嘴吸气、用鼻呼气,以防呛水。呼气要浅,吸气要深。

(3)千万不要试图将整个头部伸出水面,避免体力大量消耗。

(4)如果有人来救,绝不可惊慌失措去抓抱救助者的手、腿、腰等部位,一定要听从救助者的指挥,让他带着你游上岸。否则不仅自己不能获救,反而连累救助者的性命。

(5)会游泳者如果发生小腿抽筋,要保持镇静,采取仰泳位,用手将抽筋腿的脚趾向背侧弯曲,可使痉挛缓解,然后慢慢游向岸边。

发现有人溺水,救援时应注意以下几点:

(1)岸上的人员尽量不要直接下水徒手救助,最好的救援方式是丢绑带绳索的救生圈或长竿,可就地取材,如树木、树藤、枝干、木块等物都可利用来救人。

(2)抢救溺水者需要入水时尽量脱去外衣、鞋、靴等,以免被溺水者缠住而无法脱身。游到溺水者面前 3～5 米,先吸大口气潜入水底从溺水者背后施救,才不至于被对方困住。须知当一个人面临死亡的一瞬间,使出的力量非常惊人,如被溺水者紧抱缠身,应迅速设法摆脱,避免施救者溺水身亡。

(3)施救时,将溺水者翻转至脸朝上,用左手从溺水者左臂或身体中间握其右手,保持伤者的头颈与上背成直线。或拖头部,然后仰游拖回岸边。若溺水者呼吸困难,即使还在水中仍应开始施予人工呼吸。

(4)将溺水者救出水面后,将其平放在地面,迅速打开其口腔,清除其咽内、鼻内的异物,如淤泥、杂草等,使其呼吸道保持通畅,然后进行心肺复苏。经初步抢救后,要迅速转送医院。

🔘 重要提示

未受过专业救人训练或未领有救生证的人,切记请不要轻易下水救人,会游泳并不代表会救人。

第四节　触电事故现场急救

触电也称电击,是电流通过人体所引起的电损伤。误触电路或使用漏电设备,以及火灾、地震和大风灾害等导致漏电,都是造成触电的主要原因。

一、脱离电源

(1)发现有人触电后,应立即关闭开关、切断电源。

(2)用干燥的木棒、竹竿、皮带、橡胶制品等绝缘物品挑开触电者身上的带电物品。千万不能用手去拉触电者,以免自己也触电。

(3)应立即拨打报警求助电话。

二、救护触电者

(1)脱离电源后,要把触电者抬到新鲜风流中,并根据情况对其立即进行抢救。

(2)对呼吸停止但有心跳或呼吸不规则的触电者,要让其平躺,并迅速解开触电者衣扣、领带和裤带等,清除口内假牙、异物、黏液等,保持呼吸道畅通。然后对其进行人工呼吸和急救。注意不要使触电者直接躺在潮湿或冰冷地面上急救。

(3)如果触电者呼吸和心脏跳动完全停止,应立即进行口对口(鼻)人工呼吸法和胸外心脏按压法急救,并迅速请医生到现场。

现场抢救中,不要随意移动伤员,若确需移动时,抢救中断时间不应超过30秒。移动伤员或将其送医院,除应使伤员平躺在担架上并在其背部垫以平硬阔木板外,应继续抢救,心跳、呼吸停止者要继续人工呼吸和胸外心脏按压,在医院医务人员未接替前救治不能中止。

(4)如有电烧伤的伤口,应包扎后到医院就诊。

🔴 事故案例

某化工厂务工人员韩某与其他 3 名工人从事化工产品的包装作业。班长让韩某去取塑料编织袋，韩某回来时一脚踏在盘在地上的电缆线上，触电摔倒，在场的其他工人急忙拽断电缆线，拉下闸刀，一边在韩某胸部乱按，一边报告领导打 120 急救电话。待急救车赶到开始抢救时，韩某出现昏迷、呼吸困难、脸及嘴唇发紫、血压忽高忽低等症状。现场抢救 20 分钟，待稍有好转后送去医院继续抢救。住院特护 12 天，一般护理 3 天后病情稳定出院。

从本案例不难看出，现场发生触电事故后，其他工人及时使韩某脱离了电源，同时上报领导打 120 急救电话，使得韩某得到了比较及时的抢救，最后脱离危险。如果现场工人掌握了基本的触电人员现场救护措施，事故后果可以进一步减轻。

第五节　烧(烫)伤现场急救(含热烫伤、化学灼伤)

生产生活中如果发生烧(烫)伤事故，应进行如下处理：

(1)冲。发生烧(烫)伤后，应首先冷却伤处，在第一时间用清水冲洗伤口 10～30 分钟。如烫伤较轻无伤口，可用獾油、烫伤药膏或牙膏涂在患处；若无法冲洗伤口，可以冷敷。

(2)脱。对烧(烫)伤者，在隔断热源后，应尽量使其呼吸畅通，然后小心除去伤者创面及周围的衣物、皮带、手表、项链、戒指、鞋等；对黏在创面的衣物等，应小心除去或剪开。

(3)泡。冷水持续浸泡 15～30 分钟。

(4)盖。当遇到严重烫伤或烧伤病人时，应用敷料(如清洁的布料等)遮盖伤处，并立即将其送往医院救治。

🔴 特别注意

(1)化学灼伤多由于腐蚀性酸、碱等物质引起，如果被与水能够发生化学反应的物质（如金属钠、生石灰、浓硫酸等）灼伤，灾情不明了的情况下千万不可用水冲洗！

（2）即使是轻度烫伤或烧伤，在自行处理后，也应该去医院就诊！

（3）如烫伤或烧伤严重，不可使用烫伤药膏或其他油剂，不可刺破水疱！

第六节　中暑急救

中暑时身体热平衡机能紊乱，严重高烧。造成中暑的原因因人而异，很难预测。中暑时，皮肤干热、发红；呼吸浅快、脉搏细速、意识不清。中暑如不及时治疗会危及生命。

中暑现场急救注意事项：

（1）中暑期间饮食宜清淡；多喝凉白开水、冷盐水、白菊花水、绿豆汤等防暑饮品；保证睡眠；准备一些常用的防暑降温药品，如清凉油、十滴水、人丹等；在高温条件下的作业人员，应采取防护措施或停止作业；白天尽量减少户外活动时间，外出要打伞、戴遮阳帽、涂抹防晒霜，避免强光灼伤皮肤。

（2）如果在中暑类热病的初期，很容易恢复。将患者移到阴凉处，松开衣服，敷以湿毛巾或者床单，并给病人服用生理盐水或"十滴水"等防暑药品；如果患者呕吐，停止喂水并让患者侧躺。注意患者的呼吸。让患者躺着，并采取一切办法来给患者降温；如果有冷毛巾或者冰袋，敷在患者的腕关节、大腿根、腋窝和脖子等处给动脉降温。如果病情严重，需送往医院进行专业救治。

相关链接

卫生部、劳动和社会保障部、国家安全监管总局、全国总工会发布的《关于进一步加强工作场所夏季防暑降温工作的通知》中规定：

（1）用人单位要结合本单位的实际，认真研究制订高温中暑应急救援预案,加强演练,加大对作业人员防暑降温和中暑急救的宣传教育工作,做好防暑降温的预防保障工作。

(2)用人单位应在高温天气来临前,对高温作业的劳动者进行健康体检。对患有心、肺、脑血管性疾病、肺结核、中枢神经系统疾病及其他身体状况不适合高温、高湿作业的员工,应调离高温、高湿作业岗位。暂不能调动岗位的,应在高温、高湿天气对其加强预防中暑保护措施。

(3)凡工作场所存在高温、高湿作业和夏季露天作业的用人单位,要认真落实有关法律法规和《工业企业设计卫生标准》(GBZ 1—2010)、《职业性中暑诊断标准》(GBZ 41—2002)等规定的各项防暑降温措施。

(4)用人单位应当在高温天气期间,根据生产特点和具体条件,在保证工作质量的同时,适当调整夏季高温作业劳动和休息制度,增加休息和减轻劳动强度,减少高温时段作业,保证安全生产,确保劳动者身体健康和生命安全。

(5)用人单位要加强对女职工和未成年工的保护。不得安排怀孕的女职工在35℃以上的高温天气露天作业及温度在33℃以上的工作场所作业。不得安排未成年工在35℃以上的高温天气露天作业及《高温作业分级》国家标准中第三级以上的高温工作场所作业。

(6)用人单位不得因高温停止工作、缩短工作时间而扣除或降低劳动者的工资。

(7)用人单位安排劳动者在高温天气下(日最高气温达到35℃以上)露天工作以及不能采取有效措施将工作场所温度降低到33℃以下的(不含33℃),应当向劳动者支付高温津贴。高温津贴的具体标准由省级政府或省级劳动保障部门制定。

第七节　冻伤急救

冻疮多发生在体表暴露、血液循环较差的部位(耳、手、脚等),在高寒环境下由于低温导致局部血管收缩、组织缺血发生损伤或坏死。表现为肤色暗红紫、局部发痒、疼痛、水疱、溃烂。处置措施有：温水浸泡（40℃左右）；局部按摩促进血液循环；冻疮膏、防冻霜涂抹局部；衣物包裹保温。切勿烤火！

长时间处于低温环境，尤其是处于冰冷的雪或水中，体温开始下降，低于36℃即低体温症。低于30℃时内脏功能下降、意识丧失、昏迷；低于24℃时呼吸、循环中枢抑制甚至假死、死亡。低体温症后果严重，应积极救护，急救关键是如何使体温回升。

急救措施有：温水浸泡（40℃左右）；人体复温法（用正常人的体温给病人复温）；被褥加温覆盖；饮用加温食物、饮料；加温液体（盐糖水溶液）输入；心跳、呼吸停止者立即人工复苏。

第八节　气管异物阻塞现场急救

正常情况下由于会厌软骨的保护作用，口腔内的食物（物品）不易进入气管。但是异物一旦进入气管，可能造成致命的窒息后果。发生呼吸道异物阻塞时，病人会出现剧烈的刺激性咳嗽和反射性呕吐，声音嘶哑，无法完整、清楚地表达想说的话；被较大异物堵塞喉部、气管时，病人会出现脸色和嘴唇发紫、呼吸困难等症状，可能很快就会停止呼吸；儿童气管被异物阻塞时，除有上述症状外，还表现为呼吸困难、哭闹加剧等。

当发觉异物被吸入气管，应立即采取以下方法进行救治：

（1）咳嗽法。如仅造成不完全性呼吸道阻塞，患者尚能发音、说话、有呼吸和咳嗽时，患者用力咳嗽，争取将异物冲出。

（2）上腹部椅背顶压法。患者将上腹部迅速顶压于椅背、桌角、铁杆和其他硬物上，然后做迅猛向前倾压的动作，以造成人为咳嗽，驱出呼吸道异物。

（3）腹部拳头冲击法（自救）。患者一手握拳、拇指侧置于自己上腹部，相当于脐部与剑突之间，另一手紧握该拳，同时用力向内、向上作4～6次快速连续冲击。

（4）腹部拳头冲击法（他救）。救护人员从背后抱住患者腹部，一手握拳，大拇指在拳内，拳心向内按压于受害人的肚脐和肋骨之间的部位（肚脐稍上方），另一手成掌按在拳头之上，急速冲击性地、向内上方压迫其腹部，反复有节奏、有力地进行，以形成气流把异物冲出。病人应头部略低，嘴张开，以便异物吐出。

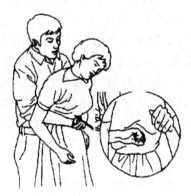

（5）婴幼儿拍背和胸部压挤法。婴幼儿发生呼吸道异物阻塞时，须将患儿面朝下，头部低于身体，放在救护者的前臂上，再将前臂支撑在大腿上方，用同一只手支撑患儿的头、颈及胸部，用另一只手拍击患儿两肩胛骨之间的背部，使其吐出异物。如果无效，可将患儿翻转过来，面朝上，放在大腿上，托住其背部，头低于身体，用食指和中指按压其下胸部（两乳头连线中点下方一横指处）。反复交替进行拍背和胸部压挤，直至异物排出。

附录　相关安全生产法律法规节选

一、《国务院关于进一步做好为农民工服务工作的意见》(国发〔2014〕40号)节选

(1)实施农民工职业技能提升计划。加大农民工职业培训工作力度,对农村转移就业劳动者开展就业技能培训,对农村未升学初高中毕业生开展劳动预备制培训,对在岗农民工开展岗位技能提升培训,对具备中级以上职业技能的农民工开展高技能人才培训,将农民工纳入终身职业培训体系。加强农民工职业培训工作的统筹管理,制定农民工培训综合计划,相关部门按分工组织实施。加大培训资金投入,合理确定培训补贴标准,落实职业技能鉴定补贴政策。改进培训补贴方式,重点开展订单式培训、定向培训、企业定岗培训,面向市场确定培训职业(工种),形成培训机构平等竞争、农民工自主参加培训、政府购买服务的机制。鼓励企业组织农民工进行培训,符合相关规定的,对企业给予培训补贴。鼓励大中型企业联合技工院校、职业院校,建设一批农民工实训基地。将国家通用语言纳入对少数民族农民工培训的内容。(人力资源社会保障部、国务院农民工工作领导小组办公室会同发展改革委、教育部、科技部、财政部、住房城乡建设部、农业部、安全监管总局、统计局、扶贫办、全国总工会、共青团中央、全国妇联负责)

(2)加强农民工安全生产和职业健康保护。强化高危行业和中小企业一线操作农民工安全生产和职业健康教育培训,将安全生产和职业健康相关知识纳入职业技能教育培训内容。严格执行特殊

工种持证上岗制度、安全生产培训与企业安全生产许可证审核相结合制度。督促企业对接触职业病危害的农民工开展职业健康检查、建立监护档案。建立重点职业病监测哨点，完善职业病诊断、鉴定、治疗的法规、标准和机构。重点整治矿山、工程建设等领域农民工工伤多发问题。实施农民工职业病防治和帮扶行动，深入开展粉尘与高毒物品危害治理，保障符合条件的无法追溯用人单位及用人单位无法承担相应责任的农民工职业病患者享受相应的生活和医疗待遇。（安全监管总局、卫生计生委分别会同发展改革委、教育部、公安部、民政部、财政部、人力资源社会保障部、住房城乡建设部、交通运输部、国资委、法制办、全国总工会负责）

二、《国务院农民工工作领导小组办公室关于印发国务院关于进一步做好为农民工服务工作的意见宣传提纲的通知》（国农工办发〔2014〕3号）节选

着力维护农民工的劳动保障权益。维护农民工的安全生产和职业健康权益。党中央、国务院领导多次强调，发展决不能以牺牲人的生命为代价，这是一条不可逾越的红线；并指出所有企业必须做到安全培训到位。但是，当前农民工伤亡事故和职业病仍然多发，不少农民工安全意识淡薄，既是事故的受害者，也是造成事故的责任者。据统计，工矿商贸企业发生的伤亡事故，80％以上发生在农民工比较集中的中小企业，伤亡人员大多是农民工；每年报告的职业病新发病人员，也有超过半数是农民工。在生产作业场所，保护好农民工生命安全和职业健康，已成为当前维护农民工权益的重点工作之一。为此，一是要加强安全生产培训和职业健康教育。强化高危行业和中小企业一线操作农民工安全生产和职业健康教育培训，将安全生产和职业健康相关知识纳入职业技能教育培训内

容。严格执行特殊工种持证上岗制度、安全生产培训与企业安全生产许可证审核相结合制度。二是要对职业病早发现、早诊断、早治疗。督促企业对接触职业病危害的农民工开展职业健康检查、建立监护档案。建立重点职业病监测哨点,完善职业病诊断、鉴定、治疗的法规、标准和机构。三是要加大工伤职业病预防工作力度。重点整治矿山、工程建设等领域农民工工伤多发问题。四是要实施农民工职业病防治和帮扶行动。深入开展粉尘与高毒物品危害治理,保障符合条件的无法追溯用人单位及用人单位无法承担相应责任的农民工职业病患者享受相应的生活和医疗待遇。

三、《中华人民共和国安全生产法》节选

第二十五条 生产经营单位应当对从业人员进行安全生产教育和培训,保证从业人员具备必要的安全生产知识,熟悉有关的安全生产规章制度和安全操作规程,掌握本岗位的安全操作技能,了解事故应急处置措施,知悉自身在安全生产方面的权利和义务。未经安全生产教育和培训合格的从业人员,不得上岗作业。

生产经营单位使用被派遣劳动者的,应当将被派遣劳动者纳入本单位从业人员统一管理,对被派遣劳动者进行岗位安全操作规程和安全操作技能的教育和培训。劳务派遣单位应当对被派遣劳动者进行必要的安全生产教育和培训。

生产经营单位接收中等职业学校、高等学校学生实习的,应当对实习学生进行相应的安全生产教育和培训,提供必要的劳动防护用品。学校应当协助生产经营单位对实习学生进行安全生产教育和培训。

生产经营单位应当建立安全生产教育和培训档案,如实记录安全生产教育和培训的时间、内容、参加人员以及考核结果等情况。

第二十七条 生产经营单位的特种作业人员必须按照国家有关规定经专门的安全作业培训,取得相应资格,方可上岗作业。特

种作业人员的范围由国务院安全生产监督管理部门会同国务院有关部门确定。

第三十二条 生产经营单位应当在有较大危险因素的生产经营场所和有关设施、设备上,设置明显的安全警示标志。

第三十九条 生产、经营、储存、使用危险物品的车间、商店、仓库不得与员工宿舍在同一座建筑物内,并应当与员工宿舍保持安全距离。

生产经营场所和员工宿舍应当设有符合紧急疏散要求、标志明显、保持畅通的出口。禁止锁闭、封堵生产经营场所或者员工宿舍的出口。

第四十一条 生产经营单位应当教育和督促从业人员严格执行本单位的安全生产规章制度和安全操作规程;并向从业人员如实告知作业场所和工作岗位存在的危险因素、防范措施以及事故应急措施。

第四十二条 生产经营单位必须为从业人员提供符合国家标准或者行业标准的劳动防护用品,并监督、教育从业人员按照使用规则佩戴、使用。

第四十九条 生产经营单位与从业人员订立的劳动合同,应当载明有关保障从业人员劳动安全、防止职业危害的事项,以及依法为从业人员办理工伤保险的事项。

生产经营单位不得以任何形式与从业人员订立协议,免除或者减轻其对从业人员因生产安全事故伤亡依法应承担的责任。

第五十一条 从业人员有权对本单位安全生产工作中存在的问题提出批评、检举、控告;有权拒绝违章指挥和强令冒险作业。

生产经营单位不得因从业人员对本单位安全生产工作提出批评、检举、控告或者拒绝违章指挥、强令冒险作业而降低其工资、福利等待遇或者解除与其订立的劳动合同。

第五十二条 从业人员发现直接危及人身安全的紧急情况时,

有权停止作业或者在采取可能的应急措施后撤离作业场所。

生产经营单位不得因从业人员在前款紧急情况下停止作业或者采取紧急撤离措施而降低其工资、福利等待遇或者解除与其订立的劳动合同。

第五十三条 因生产安全事故受到损害的从业人员，除依法享有工伤保险外，依照有关民事法律尚有获得赔偿的权利的，有权向本单位提出赔偿要求。

第五十四条 从业人员在作业过程中，应当严格遵守本单位的安全生产规章制度和操作规程，服从管理，正确佩戴和使用劳动防护用品。

第五十六条 从业人员发现事故隐患或者其他不安全因素，应当立即向现场安全生产管理人员或者本单位负责人报告；接到报告的人员应当及时予以处理。

第五十八条 生产经营单位使用被派遣劳动者的，被派遣劳动者享有本法规定的从业人员的权利，并应当履行本法规定的从业人员的义务。

四、《中华人民共和国职业病防治法》节选

国务院和县级以上地方人民政府劳动保障行政部门应当加强对工伤保险的监督管理，确保劳动者依法享受工伤保险待遇。

第二十二条 用人单位必须采用有效的职业病防护设施，并为劳动者提供个人使用的职业病防护用品。用人单位为劳动者个人提供的职业病防护用品必须符合防治职业病的要求；不符合要求的，不得使用。

第二十四条 产生职业病危害的用人单位，应当在醒目位置设置公告栏，公布有关职业病防治的规章制度、操作规程、职业病危害事故应急救援措施和工作场所职业病危害因素检测结果。

对产生严重职业病危害的作业岗位,应当在其醒目位置,设置警示标识和中文警示说明。警示说明应当载明产生职业病危害的种类、后果、预防以及应急救治措施等内容。

第二十五条　对可能发生急性职业损伤的有毒、有害工作场所,用人单位应当设置报警装置,配置现场急救用品、冲洗设备、应急撤离通道和必要的泄险区。

对放射工作场所和放射性同位素的运输、储存,用人单位必须配置防护设备和报警装置,保证接触放射线的工作人员佩戴个人剂量计。

对职业病防护设备、应急救援设施和个人使用的职业病防护用品,用人单位应当进行经常性的维护、检修,定期检测其性能和效果,确保其处于正常状态,不得擅自拆除或者停止使用。

第三十三条　用人单位与劳动者订立劳动合同(含聘用合同,下同)时,应当将工作过程中可能产生的职业病危害及其后果、职业病防护措施和待遇等如实告知劳动者,并在劳动合同中写明,不得隐瞒或者欺骗。

劳动者在已订立劳动合同期间因工作岗位或者工作内容变更,从事与所订立劳动合同中未告知的存在职业病危害的作业时,用人单位应当依照前款规定,向劳动者履行如实告知的义务,并协商变更原劳动合同相关条款。

用人单位违反前两款规定的,劳动者有权拒绝从事存在职业病危害的作业,用人单位不得因此解除与劳动者所订立的劳动合同。

第三十五条　对从事接触职业病危害的作业的劳动者,用人单位应当按照国务院安全生产监督管理部门、卫生行政部门的规定组织上岗前、在岗期间和离岗时的职业健康检查,并将检查结果书面告知劳动者。职业健康检查费用由用人单位承担。

用人单位不得安排未经上岗前职业健康检查的劳动者从事接触职业病危害的作业;不得安排有职业禁忌的劳动者从事其所禁忌

的作业；对在职业健康检查中发现有与所从事的职业相关的健康损害的劳动者，应当调离原工作岗位，并妥善安置；对未进行离岗前职业健康检查的劳动者不得解除或者终止与其订立的劳动合同。

职业健康检查应当由省级以上人民政府卫生行政部门批准的医疗卫生机构承担。

第三十七条 发生或者可能发生急性职业病危害事故时，用人单位应当立即采取应急救援和控制措施，并及时报告所在地安全生产监督管理部门和有关部门。安全生产监督管理部门接到报告后，应当及时会同有关部门组织调查处理；必要时，可以采取临时控制措施。卫生行政部门应当组织做好医疗救治工作。

对遭受或者可能遭受急性职业病危害的劳动者，用人单位应当及时组织救治、进行健康检查和医学观察，所需费用由用人单位承担。

第三十八条 用人单位不得安排未成年工从事接触职业病危害的作业；不得安排孕期、哺乳期的女职工从事对本人和胎儿、婴儿有危害的作业。

第三十九条 劳动者享有下列职业卫生保护权利：①获得职业卫生教育、培训；②获得职业健康检查、职业病诊疗、康复等职业病防治服务；③了解工作场所产生或者可能产生的职业病危害因素、危害后果和应当采取的职业病防护措施；④要求用人单位提供符合防治职业病要求的职业病防护设施和个人使用的职业病防护用品，改善工作条件；⑤对违反职业病防治法律、法规以及危及生命健康的行为提出批评、检举和控告；⑥拒绝违章指挥和强令进行没有职业病防护措施的作业；⑦参与用人单位职业卫生工作的民主管理，对职业病防治工作提出意见和建议。

用人单位应当保障劳动者行使前款所列权利。因劳动者依法行使正当权利而降低其工资、福利等待遇或者解除、终止与其订立的劳动合同的，其行为无效。